高效记忆法

51个记忆秘诀速查速用大全集

许大鹏——著
知名心理作家
乐律心理——组编
专业心理机构

西苑出版社
XIYUAN PUBLISHING HOUSE

图书在版编目（CIP）数据

高效记忆法：51个记忆秘诀速查速用大全集 / 许大鹏著. -- 北京：西苑出版社，2020.1
ISBN 978-7-5151-0738-7

Ⅰ. ①高… Ⅱ. ①许… Ⅲ. ①记忆术 Ⅳ. ①B842.3

中国版本图书馆CIP数据核字（2019）第293237号

高效记忆法：51个记忆秘诀速查速用大全集
GAOXIAO JIYIFA : 51 GE JIYI MIJUE SUCHA SUYONG DAQUANJI

出版发行： 西苑出版社 XIYUAN PUBLISHING HOUSE
通讯地址： 北京市朝阳区和平街11区37号楼　邮政编码：100013
电　　话： 010-88636419
印　　刷： 天津旭非印刷有限公司
开　　本： 710mm×1000mm　1/16
字　　数： 185千字
印　　张： 14
版　　次： 2020年1月第1版
印　　次： 2020年1月第1次印刷
书　　号： 978-7-5151-0738-7
定　　价： 49.80元

（图书如有缺漏页、错页、残破等质量问题，由印刷厂负责调换）

前言

优秀的记忆力是获得成功的必要因素之一。记忆力关乎一个人是否聪慧，是否能够学有所成，是否能够取得事业上的成功。在漫长的历史长河之中，涌现出了数不清的英雄人物，这些人大都拥有超凡的记忆力。比如亚里士多德能够将看过的书一字不差地背诵出来；恺撒大帝可以清楚地记得每一名战士的名字和相貌；张衡可以做到过目不忘；等等。

不过，在现实生活中，遗忘又是每个人都必须面对的一个大难题。很多人提起笔来就忘字；站在讲台上就马上忘了自己该说些什么；面对明明非常熟悉的朋友却又想不起对方的名字；出门忘记带钥匙；炒菜忘记放盐；重要节日、电话号码也经常被遗忘。这些遗忘给生活带来了许多不便，也使得人们下意识地关注“如何提升记忆力”这一重要问题。

事实上，已经有很多人为了杜绝以上这些情况的发生，开始下意识地培养、提升自身的记忆力了。有远见的人还会主动寻找、学习、使用一些可以提升记忆力的方法，借用这些记忆方法来开发、挖掘大脑的记忆潜能，使自己可以拥有超乎常人的记忆能力，并在超级记忆力的帮助下走出一条辉煌的人生路。

科学研究证实，人的记忆潜力是超乎想象的，每个人的大脑都是一个巨大的宝藏，有着永远也用不完的记忆空间，只不过大多数人都没有找到可以打开这个宝藏大门的钥匙。其实，打开记忆潜能的大门很简单，人们只需掌握适合自己的记忆方法，就可以轻松打开藏宝室的大门，让自己在记忆的海洋里畅游，开发出超凡脱俗的强大记忆力，使自己可以更加高效地工作、学习、生活，有更多、更充沛的时间去发展事业，将自己的生活规划得更加合理，一步步走向更高、更宏伟的人生舞台。

在本书中，我搜集了许多非常有效的记忆方法，读者朋友可以从中找到最适合自己的记忆方法。本书还结合生动鲜活的故事、案例将这些强大的记忆方法一一呈现出来。不论你是什么身份，也不管你的文化水平高低，只要你阅读了这本书，就可以在书中找到适合自己的强大记忆方法。用这些有效的记忆方法来武装自己，去学习，去识记，你的学习就会变得更轻松，你的事业也会变得更加成功！

目　录

第一章

改善不同类型记忆的方法

第一节　短时记忆法

李岚最近有些烦恼，本来她因为工作成绩优秀而被公司调到了故障申报处理部（简称“申报处”）是应该高兴的，但她实在开心不起来。在公司的所有部门中，就属申报处的工作最为轻松，而且待遇又最优厚，所以只要能够被调到该部门工作，那就是公司里所有人都要羡慕的事情。幸运降临在李岚身上，但她却并没有感到幸福，因为她着实被眼前的问题难倒了。

李岚原来在客户接待处工作，这里工作最辛苦，还要整天看客户的脸色。一开始，当李岚听到自己将会被调到申报处工作的时候，她简直开心到不敢相信自己的耳朵。可等到第二天，李岚在申报处工作之后，她就遇到了一个必须解决的难题，如果不能成功解决这个难题，那她很可能就会失去这份工作。

原来，申报处的工作虽然简单，但也需要工作人员有一定的快速记忆能力。因为很多客户打来故障报修电话时，都需要有专门的工作人员将客户的联系信息记下来，然后根据客户电话中所讲的故障情况，分门别类地将客户信息整理到不同的维修系统中去。

这本来是一个动动手指就能完成的事情，可是李岚偏偏欠缺这方面的能力，任她想尽一切办法，都不能很好地记住客户的联系信息，这让她在工作中不断出现差错。就在昨天，李岚还被部门经理当众批评了一顿。

上午的工作刚刚结束，李岚就痛苦地皱起了眉头，她必须在其他人休息的时间将上午接听的报修电话重新核对一遍，以免出现错误。这时，李岚在申报处新交的好友张欢过来邀她一同去食堂吃饭，张欢看到李岚还在整理客户的联系信息，觉得有些惊诧，于是便问李岚怎么了。

得知事情的始末之后，张欢便笑着对李岚说："岚姐，这个其实很简单，我教你一个方法就能解决，不过……今天中午的午餐要你请。"李岚一听张欢有方法解决她这个困境，不由得又惊又喜，赶忙开口说道："欢儿，只要能帮着岚姐，别说一顿，你这一周的饭姐都包了！"

玩笑过后，张欢告诉了李岚一个方法。她让李岚在记下客户联系信息的时候将其中代表不同含义的信息断开，然后把这些断开的小组块一一记下来，这样，就能一字不差地将客户的信息全部记下来了。

张欢还给李岚举了一个例子，比如：要记 2928453597 这样一个电话号码，就可以将它分为 29（区号）、2845（总机号）和 3597（分机号）三组，这样就能很好地将这一个拗口的电话信息一字不差地记下来了。果然，李岚在使用该方法之后，就很少因为记错客户联系方式而苦恼了。

专家认为，李岚之所以会出现记不住客户的联系方式的情况，是因为她的短时记忆能力较差，再加上她不懂得如何增强自己的短时记忆力，自然无法顺利地将这些信息准确记住，而张欢教给李岚的就是提高短时记忆力的方法中最简便、最常用的一种。

专家之所以说李岚的短时记忆力较差，是因为科学研究发现，短时记忆力的信息编码以听觉编码为主，虽然也存在以视觉编码和语义编码为主的情况，但这种情况只会在人们进行短时记忆的最初阶段出现，随后就会在大脑储存短时记忆的时候将视觉编码和语义编码转换成听觉编码进行储存。

李岚的工作是通过接听客户打来的电话来记录客户提出的问题及其联系方式，所以她在进行短时记忆的时候采用的都是听觉编码，不存在相互转换的情况，而在这种情况下，李岚依然记不住客户的联系信息，可见她的短时记忆力是很差的。

短时记忆又称为工作记忆，该记忆方式的特点就是信息保持时间很短。科学家们形象地将这种记忆方式比作电话号码式的记忆。意思是说，当人们在需要打电话时，会先在电话簿上找到电话号码，然后拨号，通完电话之后，刚刚查找的电话号码也就会被马上忘掉，电话号码在大脑中存在、保持的时间是非常短的。

1959 年，美国学者彼得森夫妇就做过有关方面的实验。他们发现，在人们回忆 3 秒钟之前的信息时，会出现较为明显的遗忘现象，在所有的研究对象中只有 80% 的人能够做到准确回忆。随着时间的推移，回忆的准确率还会不断下降，等到 18 秒以后，能够做到准确回忆的人只剩下 10%。也就是说，在无复述的情况下，人们的短时记忆力只能维持 5~20 秒的时间，最长也不会超过 1 分钟。

科学研究发现，短时记忆是有容量的，这种容量又被称为记忆广度，是指在记忆信息被呈现后，人能够记起、回忆起的最大数量。美国心理学家米勒研究发现，人们在记忆一组 3 至 12 位的随机排列的数字表时，能够被记起并回忆出来的最大位数为 7 加 / 减 2 位。

根据这一实验结果，米勒认为：人短时记忆可以储存的信息量是 7 个（加上或减去 2 个）组块（一个有意义的信息单元，可以是一个字母、一组单词或者一句话）。我国学者测定短时记忆的广度是：“无关联的汉字一次能够记住 6 个，10 进位的数字可以记住 7 个，线条排列可以记住 5 个，如果记忆的信息是有意义、有关联或是人们所熟悉的，那么记忆的广度还会增加。”

以上的研究发现，如果人们能找到一种可以有效提高短时记忆力的方法，这种方法要求人们在进行短时记忆的过程中可以将小的信息单位联合成被人们所熟悉的、较大的信息单位，这样就可以最大限度地提高人的短时记忆力。

将记忆对象联合成组块的目的有两个：第一，将时间和空间上非常接近的单个项目组合起来，使之成为一个相对较大的组块；第二，利用一定的知识和经验把单个的项目组成有意义的块。这样一来就可以将记忆信息加工成为组块，起到扩大记忆容量的作用。在上文中，张欢教给李岚的记忆方式就是将电话信息进行加工，使之成为有意义的组块。

研究发现，短时记忆不但存在的时间很短，而且还很容易受到外界的干扰。只要在行为人进行短时记忆的过程中，对其插入新的记忆活动（比如一些噪声或者其他与记忆无关的响动等），阻止其对记忆信息进行复述，那么行为人记下的信息就会马上消失，而且不能恢复。所以在进行短时记忆的情况下，一定要注意保持周围环境安静，使记忆者不被外界因素干扰。

第二节　长时记忆法

赵晨曦以优异的成绩被一所重点大学录取，并在入学两年之后就获得了该校公费出国留学的机会。家人都为赵晨曦所取得的成绩感到骄傲，他们决定在赵晨曦暑假返家的时候给她一份惊喜。

家人们在赵晨曦毫不知情的情况下，给她定制了一个足有十层的奶油水果大蛋糕，以此喻示赵晨曦的人生将会十全十美，生活也会甜美富足。

第二天，返家的赵晨曦果然被这个让人惊喜的礼物感动了，她非常开心，一时间觉得自己多年寒窗苦读终于得到了应有的回报和认可。这可能就是世界上最美妙的滋味了吧，她一辈子也不会忘记这种激动和喜悦的心情。

赵晨曦邀请亲朋和她一同分享这代表着幸福和美满的蛋糕，这蛋糕也寄托了她和家人对美好未来的企盼。

时光飞逝，终于到了赵晨曦出国留学的日子。在告别了依依不舍的家人之后，赵晨曦满怀信心地踏上了通往异国的征程。对于这次出国留学，赵晨曦也是做了十足准备，她专门对英语口语进行了针对性的训练，就连学校的英语老师都对她现在的口语水准十分赞许。可是等赵晨曦到达英国之后，她遇到了一个非常严重的问题。

原来，到英国留学，赵晨曦虽然得到了一笔助学金，但这些钱仅仅够她维持生活，所以她决定外出打工挣钱。在找工作的过程中，赵晨曦发现，她在国内备受英语老师称赞的英语口音，在英国当地是非常“独特”且“另类”的，这让她不得不重新学习“纯正”的英语发音。

赵晨曦的学习过程非常不顺利，她总是很快就把那些“牢牢”记在脑海中的英式口语发音忘掉，这让她很痛苦。几个月过去了，赵晨曦一直没能找到解决问题的办法，她的英语发音还是一如既往的“怪异”。

每当赵晨曦深感苦闷和绝望的时候，她的脑海中都会马上闪现出家人与她一同分享大蛋糕的画面，这个画面一直默默地为赵晨曦加油、打气。

在随后的日子里，赵晨曦坚持每天同英国本地人交谈，即使不参与交谈，她也要认真倾听英国人讲话。此外，她还购买了大量她最喜欢的英文歌曲专辑来听，并时不时地参与一些演讲比赛，努力让自己适应英式口语的发音。赵晨曦还将英式口语发音与原来掌握的口语发音的异同之处全部列举出来，以此来增强自己对英式口语发音的记忆。一年以后，在赵晨曦坚持不懈的努力下，她终于掌握了英式口语发音。

后来，在一次关于长时记忆力的讲座上，赵晨曦终于弄清楚了导致她学习英式英语发音困难的真正原因。原来，在她学习英式英语发音的过程中，一直都被原来学习过的口语发音干扰，开始学到的口语发音一直在抑制后来学习的英式口语发音，所以才让她在学习过程中吃尽了苦头。

专家认为，赵晨曦在学习过程中遇到的问题，是很多学生在学习的时候经常遇到的，这种问题的根源与长时记忆的特性有关。长时记忆又被称为永久性信息储存，意思是指这种记忆能够得到终身性或者永久性的保存。赵晨曦在学习英式英语发音之前学习过一种英语发音方法，这种口语发音是被她牢牢记住的，正是她脑海中的一种长时记忆，这种长时记忆会在她学习新口语发音的过程中阻碍其记忆。

研究发现，人在学习的过程中，先学习的材料会对后学习的材料的识记或回忆产生干扰、抑制作用，该作用又被称为前摄抑制。前摄抑制是大多数学生在学习过程中遇到的最大难题，想要解决这一难题，就必须弄清楚长时记忆储存信息的方法。

研究发现，识记的方式分为无意识识记和有意识识记。无意识识记是指思维主体事先没有识记的意图和目的，也没有付出很大脑力或者采取记忆策略、手段，这些被识记的信息完全是自然而然地被大脑纳入长时记忆中的。

这种无意识识记与思维主体的人生经历、兴趣、爱好、职业、关注点、目的、动机有着密切的联系。简而言之，对思维主体有重大影响且能够激发思维主体产生强烈情绪波动的事件都会被思维主体无意识识记。比如，本文中的赵晨曦在收到家人祝福以及那份大蛋糕的时候，就无意中将当时的画面及感受牢牢地记在脑海中，成了一段具有强大能量的长时记忆。

在现实生活中，我们可以通过这种让思维主体产生剧烈情绪波动的方式来增强他的长时记忆力。思维主体在情绪波动剧烈时所记住的信息是绝对稳定且可以被大脑长久保存的。但又因为无意识记忆具有很大的偶然性和选择性，仅凭借这种记忆方式是不能让人们获得系统性的知识或者能力的，所以在生活中常被人们使用的记忆方式是有意识识记。顾名思义，有意识识记是指思维主体有预定识记目的、有策略、有计划地使用某种方法对知识进行记忆。在本文中，赵晨曦在学习英式口语时就使用了有意识识记法。

研究发现，后学习的知识也会对先前学习的知识产生抑制和干扰作用，该作用称为倒摄抑制。但先后学习的知识性质不同程度越高，倒摄抑制对长时记忆功能的影响就越小。由于前摄抑制和倒摄抑制的存在，使得很多人在识记一篇文章的时候，会出现记得开头和结尾而忘记中间部分的现象。所以在学习的过程中，我们可以人为地将前后所学的内容尽可能地区分开来进行记忆，这样就能增强长时记忆力，所记的内容也会变得更为深刻。除此之外，还可以巧妙地选择时间段进行记忆，例如清晨醒来时，由于没有先前记忆信息的前摄抑制作用，记忆效果会比较好；入睡前，由于没有此后记忆信息的倒摄抑制作用，同样可以提高记忆效果。

第三节　情景记忆法

刘红花一大早就起床了，她要赶着给外孙子准备早餐，以免耽误了小家伙上课。时间已是深秋，但屋内却没有任何寒意，刘红花熟练地忙活起来。刘红花想着自己要将早饭做得更美味一些，好好给外孙子补一补。这孩子跟着父母，几乎很少能够吃上个热乎饭，既然这次过暑假，小外孙子要在自己家附近上补习班，那无论如何也要让他吃好住好。

其实，刘红花一直想要带外孙，但女儿坚持要自己带，理由是不想让母亲再这么操劳。刘红花嘴上不说，但心里还是有些不悦的，她总想带外孙子怎么会累呢？我可是就只有这一个外孙子。

等外孙吃过早饭，刘红花亲自将他送到补习班上课。分别的时候，小外孙回头亲热地冲刘红花说了一句："姥姥再见！""哎，再见。快去吧，小心台阶。"刘红花脸上的皱纹全部舒展开了，她心里涌动着一股热乎乎的暖流，说不出的舒坦，就连忙碌了一个早晨的疲惫身躯也变得轻盈起来。

刘红花哼着小曲一摇三晃地回到家，然后约上几个邻里一起去了菜市场，准备购买午饭需要用的食材。其实，刘红花是不喜欢和这些邻里一起买菜的，她是一个喜欢清静的人，但是因为年纪大了，她有几次去菜市场的时候走错了路，所以才不得不和这些邻里一同买菜。上午十点左右，刘红花将鱼汤煨上，然后就去补习班接外孙子回家，但她却没有如约赶到外孙子上课的补习班。

中午12点，补习班其他的学生都已经被家长接走了，可刘红花依然没有出现。学校的老师急忙拨通了刘红花女儿的电话。经过一番紧张的寻找，刘红花终于被警方找到了。原来，刘红花在去接外孙子放学的时候，突然间记不起外孙子上课的地点了，她又着急又慌乱，六神无主之下竟然跑到了和外孙子所在位置相反的方向。一直等到警方找到她，刘红花才顺利接到了外孙子。

女儿很担心刘红花的状况，她将母亲送往医院检查，结果发现，因为年龄以及生活习惯的原因，刘红花大脑中的海马体出现了轻度退化的症状。在医生的询问下，刘红花的女儿告诉医生，她的母亲早就有过几次“迷路”的经历，但因为并没有引起很严重的后果，所以家人都没有将那些状况放在心上。

在得知了前因后果之后，医生断定，事发当天，刘红花的遗忘症状已经很严重了，因为海马体是主导情景记忆的重要脑部结构，它的退化使得刘红花不能很好地协调时间、地点以及事件这三个因素，所以才使刘红花迷路的情况更加严重；又因为刘红花对外孙子非常关心，她的情景记忆让她牢牢记住了中午接外孙子回家这一指令，所以她才会在接孩子的路上走失。医生马上对刘红花进行了药物治疗，并安排刘红花的女儿帮她回忆生活中对她有意义的事情。一个多月后，刘红花才慢慢恢复了正常。

科学研究发现，在人的众多记忆种类中，情景记忆属于成熟最晚的记忆模式，这种记忆模式还是最容易受到年龄增长、人体老化情况影响的记忆模式。由于情景记忆是以空间和时间为坐标对思维主体亲身经历、耳闻目睹的事情进行记忆，所以在该记忆模式出现问题的时候，思维主体就会出现遗忘时间或者地点的现象，就和本文中刘红花出现的情况非常类似。

在现实生活中，人的大脑虽然会自动忽略那些在日常生活中经常出现、司空见惯的琐事，但也会对有意义或者次序分明的事件进行清晰的记忆。情景记忆就是以时间及空间为坐标的记忆，所以该记忆在形成之初是非常牢固的。科学家根据这一特征，研究出了能够借此增强记忆力的情景记忆法。这种记忆方法又被称为超级情景记忆法，是识记英文、语法以及一些文字、公式等抽象信息的最佳方法。

由于人的右脑对图片有着非常敏锐的感知和反映能力，所以如果将枯燥的外语词句、文字、公式等信息以生动、形象的图片完美地转换并展现出来，就可以让思维主体在不知不觉的情况下在图片信息和英文单词之间建立直接联系，一旦这种联系成功建立，就能让思维主体将这些抽象的知识和信息牢牢地记下来。

在电影《恶魔岛》里面就有这样一段有意思的对话。美国联邦调查局要求一名曾经从恶魔岛监狱内逃出来的人画出逃亡时所经过的监狱排水系统的具体路线，以便警方进入调查。当时那个人回答说："虽然我现在记不起来了，但等我回到那个岛上，我就知道该怎么走了。"由此可见，熟悉的情景还有帮助恢复记忆的功能。

美国心理学家布斯做过这样一项研究，他发现让一个人在醉酒的情况下学习某种知识，然后分别让他在酒醒之后和再次醉酒时对所学的知识进行回忆，结果发现，这个人在再次喝醉的情况下回忆的知识最为全面。而且如果一个醉汉在喝醉的时候藏了某样东西，那么他在清醒的时候很难想起自己到底藏了什么，但是如果他再次喝醉，他就能够记起自己藏了什么，藏在哪里了。

布斯认为，人可以有意识地利用环境信息来使自己的大脑产生灵感，并以此达到加深记忆的目的。比如在一个人丧失记忆或者想要记起某件事情的时候，就可以让这个人回到当时发生这件事情的地方、场景中，进行记忆的恢复。在识记新事物或者新知识的时候，也可以将自己置于一个自己喜欢的、熟悉的环境中进行记忆，在记忆的时候再利用上述的情景记忆法，就可以轻松达到识记的目的。

第二章

打好基础的记忆方法

第一节 丹田呼吸法

张小明和韦本科是儿时的死党，两人在同一家医院里出生，在同一个院子内长大，在同一所学校上学，而且两人的父母相处得也不错，所以在二人还很小的时候，便结下了非常深厚的友谊。若不是现在的社会不流行“结拜”这套把戏，估计二人早就结为异姓兄弟了。

时光流逝，张小明和韦本科都读到了高三，这么多年以来，小明的学习成绩一直很优异，深得老师的喜爱；而本科的学习成绩一直处在中等偏下的位置，从来都是老师眼中可有可无的存在。

成绩的好坏从来都没有影响小明和本科之间的关系，所以本科也就没有在这个问题上较过真。直到高考来临，本科才慢慢为自己的成绩担忧起来。

这几日，本科为了能够和小明考进同一所学校，开启了夜以继日的疯狂学习模式。虽然这一次他很用心，但由于高三需要复习的知识太多，他在之前学习的过程中又“光荣”地发扬了丢三落四的“精神”，使得他不得不从头开始复习。这种填鸭式的学习方式，对学习者的记忆能力有着很高的要求，而韦本科显然并不具备这一点，所以他费尽心力开启的疯狂学习模式并没有取得好的效果。

张小明同样为韦本科感到焦急，他在仔细询问了韦本科在学习过程中遇到的问题后，马上就想到了一个可以解决问题的办法——丹田呼吸法。

韦本科的学习之所以收效甚微，是因为他欠缺良好的记忆能力，虽然自己曾经将丹田呼吸法教给他，但他从来都不相信这种方法能够让他的学习成绩变得更好。现在无论如何也要让他再试一试这个办法了。

张小明再次向韦本科讲述了丹田呼吸法的窍门，并要求韦本科在学习的时候坚持使用该窍门进行呼吸。一开始本科有些将信将疑，他一直都不相信这种带有神秘色彩的丹田呼吸法可以让人变得聪明，但此时已经别无他法，所以也就老老实实地按照张小明的要求做了。

一个月后，韦本科的成绩有了非常明显的提升，他还发现自己的精神状况越来越好，再也不会在读书的时候打瞌睡，而且随着坚持使用丹田呼吸法，他觉得自己的精力越来越充沛，思维变得清晰、敏捷，好像身体中的潜能被完全开发出来一样。就这样，韦本科坚持使用该方法，学习效果得到明显的提升。

研究发现，空气中含氧负离子会在通过呼吸系统融入血液的过程中，释放出离子电荷，并随血液运送至脑部，使脑内中枢神经功能得到增强，脑内合成有益物质的能力大幅提升，以此来保证大脑始终处在清醒敏捷的状态。

古人就非常重视养生呼吸之法，这些呼吸法种类繁多，所求目的各不相同，但归根到底都是结合呼吸进行“气息”锻炼的方法。丹田呼吸法又被称为腹式呼吸法，是最基础且易于掌握的呼吸法门。通过有节奏的呼吸，可以起到开发脑功能，增强记忆力的作用。

丹田呼吸法可以为大脑输送大量氧气，这些氧气就是大脑进行运算、学习、记忆所必不可少的“燃料”。

美国加州心理学家罗伯特·雷维拉通过试验发现，人在进行深呼吸之后，智商会上升 10 ~ 20 点，并据此推出了丹田呼吸法的浅显法门——深呼吸。深呼吸要求人们用力呼吸，在吸气的时候让腹部凸起，尽量让下腹向外膨胀，使下腹达到弧状形态；呼气时缓缓将气息呼出，并使下腹在这一过程中向内凹陷，整个呼气的过程应该以缓慢、绵长且不中断为佳，以保证大脑从血液中获得充足的氧气。

坐卧式丹田呼吸法要求我们先以舒适的姿势坐在椅子上或者躺在沙发、床上，保持放松的姿势，闭上眼睛，用鼻子缓慢地深呼吸，尽力吸气，慢慢呼气。几分钟后，等身体适应了深呼吸的状态再慢慢吸气，并在吸气的过程中从 1 默数到 4，然后屏息，屏息的同时再从 1 数到 4，然后缓缓呼气，同时从 1 数到 4，气息呼尽之后再屏息，并从 1 数至 4。吸气、屏息、呼气、屏息作为一个“4 循环”，如此反复循环，即算掌握了初步坐卧式呼吸法。

待身体适应“4 循环”之后，即可让呼吸再缓慢一些，呼吸的同时将“数 4”变为“数 6”，即吸气的同时默数 1 ~ 6，然后屏息，从 1 默数到 6，再呼气从 1 默数到 6，再屏息从 1 默数到 6。如此进行几个循环之后，再次让呼吸变得更缓慢一些，并在呼吸的同时默数 8 个数，即吸气时从 1 数至 8，屏息时从 1 数至 8，呼气时从 1 数至 8，屏息时从 1 数至 8，如此作为最终循环。

在现实生活中，如果能够将坐卧式丹田呼吸法熟练掌握，并将该呼吸法运用到日常生活中，就能使大脑保持在最敏锐、最宁静、最清晰、有最强记忆能力的状态。除了坐卧式丹田呼吸法，还有立式丹田呼吸法。

立式丹田呼吸法要求人们在站立时，双脚微微分开，在用鼻子呼吸的同时想象自己正在做一个给肚子内的大气球打气的动作，慢慢地吸气并数 8 个数，然后屏息并数 4 个数，然后呼气并数 8 个数，最后屏息并数 4 个数。在做立式丹田呼吸法的时候，人的脚趾要牢牢地抓紧地面，如此循环 4~5 次便可迅速消除疲劳，使大脑进入高速记忆状态。

有研究认为，如果在进行丹田呼吸法的过程中，思维主体脑海中的杂念太多，并不能顺利消除的话，那么就应该在采用丹田呼吸法进入状态的同时，在脑海中默念一些有助于提高脑功能的句子。比如：“我的眼睛越来越明亮，看得越来越清楚；我的头脑越来越清晰，思维越来越敏捷，记忆力越来越强，什么事情都能被牢牢记住；我的精力越来越充沛，理解能力越来越强，什么问题都能一看就懂，一解就会。”

这些话会随着丹田呼吸法的运用，把思维主体脑海中的杂念驱除，并将注意力集中到提高记忆力这个问题上来。而且这些在进行丹田呼吸时所默念的话可以在思维主体的潜意识里树立起很强的自信心，让思维主体彻底丢掉自卑，重拾自信。

第二节 观察力法

李小玉在学校里很有名气。她既是学校老师眼中的学习标兵，又是同学心目中的“学痴”。李小玉是初中三年级二班学习最认真、最用功的学生。她几乎没有知心朋友，她的时间大部分都花在了学习上，但她的学习成绩却并不是班级里拔尖的。

小玉的生活很单调。如果你有事情需要去找她，除了熄灯之后，她一准就在教室内苦读。小玉的学习生活非常枯燥，她一如既往的坚持是其他同龄人难以想象的，从来没有哪一位同学愿意尝试一下“小玉式”的学习方法，这也是小玉“不合群”的另一个原因。

每当老师在课堂上看到有不专心或者睡懒觉的学生时，都会用小玉的例子将其狠狠地批评一番，所以在某种程度上，小玉也成了这些“坏学生”的眼中钉。久而久之，针对小玉的流言在校园内便慢慢地流传开了。

“哎，你知道三年级二班的李小玉吗？”“知道知道，不就是那个死学也不成事的蠢材嘛，全校谁不知道她？要是小爷我这般努力一番，早就是清华的学生啦，哪像她那样半死不活的。”“别吹牛，要我说，这小玉很可能是脑子有问题，否则怎么会这样苦学都没有成果呢？”

类似的流言就像洪水猛兽一般不断地向小玉发起攻击。这些流言最终使一直承担着巨大学习压力的小玉崩溃了。因为她接连几次做出了轻生的举动，学校不得不让她休学回家，接受心理治疗。为了拯救小玉，父母带着她前往北京接受治疗。在这里，心理医生明确地指出小玉的智商是没有问题的，这一诊断结果让小玉重新燃起了希望之火。

心理医生还认为，小玉之所以没能在勤学苦练之下取得优异的成绩，很可能与她不具备敏锐的观察能力有关。很多能够做出一番成就的人物，并不是因为他们比其他人更聪明，而是因为他们有其他人不曾拥有的发现问题、探究问题的能力。对于处于成长期的孩子们来说，良好的观察力更是直接影响了他们的成长与记忆。

要知道，在正常情况下，人们认识事物都是由观察开始的，然后才会开始注意、记忆并进行思考。假设思维主体的观察力不够，那她对记忆对象的印象往往是非常模糊且不真切、不鲜明的，所以思维主体在回忆感知过、记忆过的事物时，得到的结果也就是模棱两可、似是而非的，其记忆活动所取得的效果自然就很差。可以说，观察力就像树木生存的土壤一样，在一定程度上决定了思维主体的成长程度和记忆深度。

心理医生认为小玉经常独处，生活在一个单调枯燥、缺乏刺激的环境中，那么她所获得的观察机会就会大大减少，大脑中的大部分脑细胞一直处在不活跃的状态下，这在一定程度上会影响大脑的发育。所以医生认为小玉应该进行有针对性的观察力训练，只有这样才能解决她在学习道路上遇到的难题。

果然，经常有意识地锻炼自我观察力的小玉终于克服了学习中遇到的困难，她在复学后急起直追，用自身的实力驳斥了流言蜚语，并以全校第一的成绩成功考上了市级示范性重点高中。

研究表明，观察力的培养要从小开始。如果思维主体可以从小自觉自发地认真观察身边发生的各种现象，养成用心观察的习惯，就可以通过直接体验积累对各种现象的感性认知，提高自己的观察能力。

一般情况下，想要拥有敏锐的观察力，首先要确立明确的观察目的。在对某个事物进行观察的过程中，首先要明确观察该事物的目的和动机，然后再有针对性地制定观察方法，这样才能将注意力集中到被观察的事物上，抓到该事物的本质特征。有目的性地进行观察，才能尽快提高自身的观察力。

顺序观察法是提高观察效率的方法之一。这种观察法要求思维主体在进行观察的过程中按照一定的顺序来观察事物的发展过程。比如按照事情的先后发展顺序或者整个事件的时间顺序，也可以根据场景的空间顺序进行观察。这样一来，我们观察到的事物就有非常清晰的脉络，便于被思维主体记忆。

比较观察法则是将两种或者两种以上的事物进行比较，使思维主体认识到事物之间的相同点和不同点，然后进行区分、记忆。使用该方法的目的是更好地将不同事物区分开来，然后对事物进行分析，让思维主体能够更清晰地分辨出事物的不同本质，给其留下较为深刻的印象。

定点观察法则要求思维主体在对某一事物（多指建筑物、器物）进行观察之前，先选择一个观察点，在确立了观察点之后，思维主体立足于观察点对事物进行观察。定点观察法多被画家作画、摄影师摄影时使用，定点的好坏决定了画作和图片的好坏。这种观察法的好处是，可以通过观察某一点、某一处、某一面的具体景物形象特征，来使思维主体获得深刻的印象，更有利于记忆储存。

随意观察法是指思维主体在偶然的情况下接触到被观察的事物或对象，然后在有意无意之间对被观察事物产生了兴趣，顺便对该对象进行观察。因为这种观察法是在思维主体的日常活动中自然采用的，所以能够得到很多刻意观察时得不到的信息，见人之所未见。

积累观察法是指思维主体将平时观察到的现象记录下来，养成积累观察资料的习惯。这种观察法是培养观察习惯的重要方法，它不仅能够通过系统化的观察、记录来提高思维主体的观察能力，还可以丰富思维主体的想象力、记忆力及思维能力。在使用这种观察方法的过程中一定要严格要求自己，在记录的时候切忌出现含混不清的现象，记录的资料应全面、及时、准确。

重复观察法是指，思维主体在同一时间对同一事物或者现象进行再次或者多次观察。这种反复观察的方法往往能够透过事物的表象看清楚它的本质，而且有些事物的发生或者发展的特征与周期也要求观察者必须对其进行重复性的观察。重复性观察的目的是更深刻、更全面地接近、揭示事物、事件的本质，这种看似简单、机械的观察方法才是不断进步，不断接近事实、接近真相的观察法。

第三节　优选记忆法

在学校里，总会遇到一些靠着考前突击取得名次的人。这些人平日里并不热衷于学习，常常只是在考前做一番复习工作，便能在考试中取得优异的成绩。这种人仿佛有一种特异功能，在不作弊的情况下，每次考试后都能取得他人拼命努力都无法得到的好成绩。

虽然从求学的角度上来讲，这些人的行为带有投机取巧的嫌疑，但该学习模式带来的高效率和出色成果也是莘莘学子所追求的。朱明皇就是其他人眼中具备这种特殊才能的人。

朱明皇是一个性格沉闷、少言寡语的人，他虽然打小就喜欢独处，但却从不让家人操心。上学之后，朱明皇虽不曾逃课，也从不和其他差生厮混，但他似乎也从来都没有认真学习过，而且他的学习成绩总能进入班级前三之列。

对于老师和同学来讲，朱明皇就是属于那种不认真学习，但总能考出好成绩的“特殊性人才”。由于拥有这种被其他学生羡慕的“特异功能”，朱明皇渐渐地混出了名声。

每当有人向朱明皇请教如何能够不学习也能考取一个好成绩的时候，他总是微笑着摇头，久而久之，也就没有人愿意和这个喜欢藏着掖着的“闷葫芦”接触、请教了。凭借着这种特殊才能，朱明皇顺利地考进了重点高中。

高中的课业愈发繁重，朱明皇也有些难以应对，他再也不能轻轻松松地考进前三了。想要维持成绩不下降，他必须尽快找到消化繁重学业压力的方法。

在一个偶然的机会下，朱明皇意外地发现了一个对自己非常有用的方法。那是在一次实验课上，老师大致地讲解了一番华罗庚教授提出的“优选实验法”。朱明皇发现这种优选实验法的本质、目的和自己复习时所使用的方法是相通的，这无疑诱发了他对该方法的极大热情。

课后，朱明皇通过查阅资料慢慢揭开了“优选实验法”的面纱。优选实验法是以数学原理为指导，在不增加设备、投资、人力、器材的条件下，进行合理化的实验安排，以尽可能少的实验次数，尽快找到解决生产实验和科学研究中难题的最优方案。该方法不但在本质和目的上与朱明皇之前的学习方法不谋而合，而且相对于他此前使用的粗糙方法来讲，这种方法是更加成熟且有条理的。

朱明皇赶紧找到了优选实验法的应用方案，然后他结合该方法顺藤摸瓜，找到了解决课业繁重难题的办法——“优选记忆法”。凭借这种方法，朱明皇的成绩再次进入了班级前三之列，并如愿考入了心仪的大学。

华罗庚教授提出的优选法曾经风靡全国，几乎达到了尽人皆知的地步。优选法的应用范围极广，尤其是在攻坚克难的过程中发挥了极为重要的作用。优选法可以合理地安排实验资源，在最短的时间内找到解决问题的最佳方法、途径。优选记忆法脱胎于优选法，该方法是将优选法进行归纳，再应用于提高记忆力。

优选记忆法能够帮助思维主体在进行记忆的时候，针对所需记忆的信息进行优化选择。简而言之，就是把思维主体当前最需要的、最实用的、最有帮助的信息从众多资源中挑选出来，进行优先、重点记忆。这样一来，思维主体进行记忆的效果就会更好。下面我们就来了解一下优选记忆法的要点：

1. 优选记忆法要求思维主体要树立明确的记忆目标。

这是整个优选记忆法中尤为重要的环节。思维主体首先要明确地掌握自身需要学习或记忆的内容，然后再按图索骥，找到与之相关的参考资料。在这个选择的过程中，思维主体完全可以找在该领域有所成就的专家、学者或者教师，请他们给自己开一个书目，挑选出具有代表性或反映本专业最新科研成果的资料，然后再有目的地对书目上的资料进行优选，以达到优中选优、精益求精的目的。

2. 优选记忆法要求思维主体要弄清所学知识之间的关系。

在优选学习材料之后，思维主体必须搞清楚所学知识之间的结构关系，然后以自身主攻的专业方向为学习骨架，围绕该主攻专业建立属于自己的知识体系，依次搭建知识结构网络。这样做的目的是使思维主体在进行记忆的时候能够很好地甄别主次，有详有略、有长线有短线地进行记忆。

3. 优选记忆法要求思维主体在记忆过程中做到提炼重点、掌握纲领。

在选好资料、定好方案后，思维主体在进行记忆的过程中应该优先将必要的重点和知识的主线抓住，优先进行记忆，而将其他杂乱的、只起到辅助作用的知识点放到次一级记忆任务中去记忆。

第四节　概括记忆法

培海一中是市里最有名的重点高中。多年以来，培海一中的风头之所以一直都没有被其他学校超过，是因为该市每年的高考状元只出现在培海一中。因为培海一中名声在外，所以每年都有莘莘学子前来求学，学校也就自然而然地会集了数量众多的良材。尽管良材难得，但学校还是愿意把优秀的学生集中在一个班级进行管理，以此培养出最优秀的学生。

培海一中高三（四）班就承担了为该校培养“状元”的重任。之所以是高三（四）班，主要是因为该班级的班主任——李芳亮，他总能将所带班级内的学生变得极为出色。这种让优者更优的能力一直被学校肯定，所以校方总是优先将优质的教育资源向高三（四）班倾斜。

李芳亮马上就要到退休的年纪了，他面目愁苦，整日里不苟言笑，严肃认真。那些不熟悉李芳亮的人一定会觉得他是一位严厉、古板的老教师。事实上，李芳亮是一个非常温和、开明的人。

李芳亮思想前卫，他认为一个人学习成绩的好坏与其记忆力有着极为重要的关系。李芳亮在读有关海歇尔拉比的书籍时，发现了一段有趣的记载：有一次，海歇尔拉比向他的一位学生借了一本书读，不到三天的时间，海歇尔拉比便把这本书还给了那位学生。学生诧异地问道：“您这么短的时间就读完了吗？”“是的，非常感谢，我已经用我的方式读完了。”海歇尔拉比回答道。原来，海歇尔拉比将这本书整理概括之后进行记忆，在短短三天之内便全部记住了。

李芳亮还发现，相对于其他知识，学生们识记名人名言的速度就要快出许多。而且如果在讲课即将结束的时候，老师能够将该节课所讲的知识点进行概括性的总结，那就能够给学生留下很深刻的印象，学生再进行记忆的效率也就会大大提高。

多年以来，李芳亮将自己关于记忆的经验总结出来，他结合当前社会上最流行的记忆方法总结出了一套化繁为简的记忆方法——概括记忆法。只要李芳亮开始带班，他就会将这种记忆法教给学生。现在的高三（四）班的学生，从第一堂课开始，就已经在潜移默化的过程中学习了概括记忆法的精要，这也正是高三（四）班能够在人才云集的培海一中一路领先的原因。

古人云："百炼为字，千炼成句。"讲的就是一种概括，目的就是用简洁精炼的字句表达出丰富深刻的内容。著名数学家华罗庚教授就认为：人在研究学问的时候，要做到先将书读"厚"，然后再把书读"薄"。

在最初求学的时候，要对书中的内容仔细推敲清楚，不懂的地方就要加注解，这样我们就会学到很多书中没有的知识，也就达到了将书读"厚"的目的。

书读"厚"之后，我们就应该对所学到的内容咀嚼消化、组织整理，将知识中具有关键性的问题、内容找到并提炼出来，然后再进行记忆。这样我们识记的过程就会变得更轻松，所识记的内容也就更为牢固，而这个过程就是将书读"薄"。

概括记忆法就是将思维主体所需记忆的材料进行提炼，找到材料中的关键性要点。所以说，概括记忆法的初衷和"把书读薄"是相同的。

概括记忆法主要分为五种：

1. 主题概括法。即提炼出思维主体所需记忆资料的主题思想、纲领、主线，将这三者总结串联起来，起到贯穿全篇的作用。事实上，不论思维主体选择识记的是哪种资料，只要用心总结，都能找到这些资料的主题思想。

比如，阿伏伽德罗定律：“在相同的温度和压强下，相同体积的任何气体都含有相同数目的分子。”对于这样一段抽象的表述，很多人都需要记忆很久才能将定律记牢。但如果我们用主题概括的方法对这一段话进行提炼，那就可以将这个定律初步提炼为：在同温、同压的条件下，同体积的气体含有相同的分子数。然后可以继续压缩为：同温、同压、同体、同分。这样一来，思维主体就可以轻松地将其牢牢记住了。

2. 内容概括法。即对思维主体所需记忆的长篇资料进行压缩、精简、概述。在现实生活中，很多所需识记的资料都以长篇的形式出现。这些长篇资料的字数很多，如果不对其进行压缩处理，就很难被掌握和识记。

所以，在识记长篇资料的时候，思维主体应该运用内容概括法，将所需记忆资料中的关键内容找出来，高屋建瓴地对整篇文章进行压缩、精简、概括，使整篇资料变得短小精悍，然后再对其进行识记。等到将这些短小精悍的内容记熟之后，再据此来记忆其他内容，这样就能很快将资料记住了。

3. 简称概括法。该方法主要针对一些长词、名称、概念性短句等词汇进行高度简化，以便于被思维主体识记。在现代汉语中，这种简称、概括性的词汇早就融入了人们的日常生活之中。

比如：“北京大学”简称“北大”、“中华人民共和国”简称为“中国”、“美利坚合众国”简称为“美国”、“东南亚国家联盟”简称“东盟”、“北大西洋公约组织”简称“北约”等。最有意思的是泰国，泰国首都全称为“黄台甫马哈那坤弃他哇劳狄希阿由他亚马哈底陆浦欧叻辣塔尼布黎隆乌冬帕拉查尼卫马哈洒坦”，当地人将其简称为“共台甫”，华侨音译为“曼谷”。

再比如，华南地区的省级行政区包括广东省、广西壮族自治区、海南省、香港特别行政区以及澳门特别行政区。我们就可以将其概括为：两广一海二特区。

4. 顺序概括法。顾名思义，该概括法就是按照识记资料的顺序进行概括，在思维主体进行记忆的时候，突出其顺序性。这种记忆方法的最大好处就是可以防止记忆出现错误，比如，在识记王安石变法的内容时，可以这样记：青苗法（一青）、募役法（二募）、农田水利法（三农）、方田军税法（四方）、保甲法（五保），即一青、二募、三农、四方、五保。这样一来，念起来既顺口，记起来也方便，而且所识记的内容也不容易出现错误。

5. 数字概括法。该方法是用数字来对所需记忆的资料进行概括。比如：社会主义荣辱观就可以概括为“八荣八耻”；讲文明、讲礼貌、讲卫生、讲秩序、讲道德可以概括为“五讲”；心灵美、语言美、行为美、环境美则可以概括为“四美”；热爱祖国、热爱社会主义、热爱中国共产党又可以概括为“三热爱”等。

第五节　卡片记忆法

自打英语成为学业主科之后，很多人都大感头痛。在城市里，由于英语教育普及得早，很多小朋友在幼时就接触了基本的英语教育。所以，大部分学生还是可以跟上英语课程的学习进度的。只不过这些为了能跟上英语课程学习进度的学生们，在学英语的过程中所花费的精力是非常多的，更别提那些对英语兴趣欠缺、抵触的学生了。

可以说，学英语是一件很费脑筋的事情。现如今，学英语的主流办法就是让学生坚持不懈地背诵单词、课文，以机械记忆的方法来掌握这门语言。很多学生在高中之前并不特别看重英语对升学考试的作用，一般都是等到上了高中之后，才意识到英语成绩的重要性。到了这个时候，想要将英语补上，就需要下很大的功夫了。曹韵就是这类学生中的一员。

自打上了高中，曹韵察觉到自己的英语水平已经不足以应付他必须通过的英语考试了，这让他非常苦恼。曹韵苦苦思索，想要找到解决这个问题的办法。起初，曹韵选择主动向班级里的那些英语成绩好的同学们“取经”，但这些学生给他的答复和老师在课堂上的谆谆教导一般无二，这让曹韵非常苦恼。既然在学校内找不到解决的办法，曹韵只好向父母求助。

曹韵的父母对此也大感头痛，他们也拿不出好的办法。思前想后，二位长辈只能安排曹韵去一家口碑很好的英语补习班补习。虽然曹韵十分排斥补习这件事，但是为了能够解决英语“拖后腿”这个难题，他也不得不抱着试试看的心态去尝试一下。让曹韵意想不到的是，这次补习的效果竟然出乎意料的好。

在这家补习班里，曹韵除了学习一些课本上的知识，还学到了一种很“别致”的学习技巧——卡片记忆法。这种记忆方法十分有趣，既可以在一个人的时候单独使用，也可以与几名同学一同进行记忆。在使用这种记忆方法的时候，必须要手、眼、脑等共同参与，相互协同，进一步增强记忆的效果。

曹韵还发现，每当自己在卡片上一字一句地抄录词句的时候，他对这些陌生的词句都会产生一种深层次的理解，不仅能够从中领悟到词句所蕴含的意义，还能通过这些词句联系到一些相关的知识。

在经过一个多月的补习之后，曹韵彻底掌握了这种识记的方法，他不仅在学英语的时候使用卡片记忆法，还一步步将这种记忆方法应用到识记其他学科知识上。慢慢地，曹韵的学习成绩越来越好，等到期末考试的时候，他竟取得了“阶段第一名”的好成绩。

卡片记忆法是指思维主体将所需识记的内容抄写在卡片上（可根据个人喜好选用便于携带的卡片），这样就可以轻松做到随时复习。这些抄写着记忆资料的卡片，就像储存记忆的仓库一样，对增强记忆力，特别是英语词汇的识记有着非常显著的效果。

古往今来，很多知识渊博的人都有使用卡片进行记忆的习惯。比如：鲁迅在写《中国小说史略》时曾先后摘抄了5000多张卡片；姚雪垠在写《李自成》一书的时候，也曾摘录了近20000张卡片；法国著名科幻小说作家凡尔纳一生中曾摘录了近25000张卡片。由此可见，借助卡片进行记忆确实是一种由来已久且行之有效的记忆法门。

在使用卡片记忆法记忆英语单词的时候，只要在准备好的卡片正面用彩笔写下单词，然后再用另一种颜色的彩笔在卡片背面写上该单词的词义。这样在识记的过程中既显得醒目又便于区分。识记的时候，思维主体首先读写在正面的单词，然后再看背面的词义。

在识记的过程中还要将已经记牢的单词拣出来，放到收纳盒内，然后再对记错的和尚未记熟的卡片进行记忆。在这个过程中，因为放在外面的卡片会不断变少，这就大大增加了思维主体的识记兴趣和信心。

进行一次识记的卡片数量一般以 40~50 张为宜，这样就不会让思维主体产生畏难的情绪。用卡片识记是一个逐步积累的过程，所以在识记单词的同时还可以进一步将与单词词义相关或相近、相反的词汇抄写在卡片上进行记忆，这样也可以取得增强记忆的效果。

如果是几名同学在一起使用卡片记忆法学习单词，就可以用比赛得分的形式来展开记忆。比如：几名同学围坐在放有卡片的桌子旁，每名同学在卡片中抽取一张进行记忆，然后相互之间进行提问，答对者得一分，答错者扣一分。如此一来，就可以借助竞争意识增强大家的记忆效果。

卡片不仅可以用来记忆单词，还可以记忆历史年代、人物生平、理化公式、定理准则、发言材料、名言警句等信息。在使用卡片记忆篇幅稍长的资料时，可以将卡片制作得稍微大一些，还可以根据卡片上记载的内容将其分类保管。最重要的是，思维主体所需记忆的所有资料，均应由本人自行抄写，这样才能最大限度地将记忆资料消化掉，抄写的过程也会使思维主体的识记水平得到稳步提高。

如果思维主体手中的卡片积攒了很多，而且卡片的种类非常繁杂，那就可以先将不同种类的卡片放在不同的收纳盒内，然后根据不同卡片盒内的内容制作不同的导片，将导片放在卡片盒上，以便于查阅、整理。在抄录识记资料的过程中，尽量不要进行“连载”型抄录，这样很容易将卡片信息搞乱，不便于查阅、记忆和整理。所抄录的信息内容既要清晰简明又要准确无误，所以一定要在认真求证之后进行抄录。

抄写卡片的方法也是很有讲究的，较为常见的抄写方法有四种：抄录法、摘要法、索引法和随感法。

抄录法是指思维主体抄录书籍报刊上面的名言警句、图表数据、重大事件、科研成果等，也可以抄录一些有必要识记的重要文章、段落、章节等资料。

摘要法是指思维主体在阅读研究材料的过程中，将材料中的重点内容或思想精华简明扼要地摘抄下来。

索引法是指思维主体在阅读某些资料的过程中发现了一些新的或者感兴趣的资料，如果阅读时间并不充分，就可以先将这些书刊的名称、论文的题目或者资料的作者、出处等信息记录在卡片上，以便于日后查阅。

随感法是指思维主体在阅读材料或者识记的过程中，将读书时的感想、体会、疑问等信息记录下来，以便于进一步研究或及时解决问题，同时也可以加深记忆。

第六节　体操训练法

嘹亮的军号响彻整个军营，战士们随着军号声迅速起床，踏着蒙蒙亮的天色在空地上集结。号声方歇，集结的队伍便在班长的带领下跑了起来，开始进行每天早晨的必修课——五公里越野训练。军营里的生活是单调的，这里只讲纪律和服从；军营里的生活又是多彩的，这里有丰富多样的训练课目。只要用心，总能改掉身上的坏毛病，锻炼一副好身体，学上一身好本事。

肖东楼就是抱着这样的目的来到军营的，他是义务兵，也不打算升级提干，只想着早早结束了两年的军事训练，就卷铺盖回家，但计划总是赶不上变化。肖家的长辈自从到部队看过他之后，就一直觉得他在军队内待着会比在社会上强一些，所以一家人都认为肖东楼应该继续留在部队深造，最好是能够在部队内当上个一官半职。

肖东楼自小就是个没主见的人，既然父母这样交代，那他就原样照做。肖东楼开始四处打听留队提干的事情。很快，他就找到了一条提干的捷径——考军校。每年部队内部都会进行一次军校参考人员的选拔，新兵入伍三个月后便可以向上级领导提出考试申请，每次选拔的名额很少，一般只会从一个连队内选取一到两名考生。

1% ~ 5% 的概率让肖东楼有些灰心，但他也是一个死脑筋，既然答应了父母要留队提干，自然就要混出一个样子来。肖东楼开始频繁地出现在部队图书馆，并将几乎全部的闲暇时间都用到了读书上，但这种拼命学习的效果似乎并不好。肖东楼不是很聪明，他的记忆力也不太好。

如何在连队内脱颖而出是肖东楼迫切需要解决的问题，他开始四处搜寻有关记忆力的书籍，希望能够从中找到解决问题的办法。功夫不负有心人，肖东楼有幸在一本介绍脑功能的书中找到了最适合他的提升记忆力的方法。

从这本书的内容上，肖东楼知道了左脑和右脑的功能，而人在进行阅读、背诵、记忆的时候总会优先使用左脑，而将右脑搁置。如此一来，人的左脑所承受的压力和负担往往就会超标，导致左脑频繁出现疲劳反应。这样一来，识记效果自然也就大打折扣。

针对这个问题，书中还附带介绍了一个提高右脑使用率，协调左右脑功能的方法——单侧体操法。肖东楼十分看重这个方法，他每天都按照书中所讲的方法进行锻炼，过了一段时间之后，果然发现自己的大脑好像更灵活了，每天背诵、识记的资料内容也很少出现遗忘的情况，就连平时摸不着头脑的一些问题，现在看起来似乎都变得容易了一些。

既然成效显著，肖东楼也就勤练不辍，半年之后，肖东楼凭借着日益聪慧的头脑和勤奋刻苦的精神，一跃成为连队中的黑马。虽然他的底子有些薄，但在领导看来，最可贵的是他的那种勤奋刻苦、努力拼搏的精神。最后，肖东楼终于如愿考进了军校。

单侧体操法是专门协调左右脑功能、开发右脑的体操训练法。单侧体操法的训练分为五个阶段，第一个阶段要思维主体在站立的状态下保持精神集中，然后左手握紧拳头，左腕发力，慢慢将手臂弯曲，并向上举伸。做完这些之后，思维主体再将手臂回归原位，保持最初握拳的姿势。如此反复，做足 8 个节拍即可。

在做第二个阶段的练习时，思维主体要先做出仰卧的姿势，然后将左腿伸直，慢慢向上提起，左腿抬高之后，再将整条左腿向左侧慢慢倾倒，直到即将靠近床面为止。最后按照相反的次序将倒向左侧的左腿回复原位，如此重复进行 8 个节拍，即可完成此次训练。

在进行第三个阶段的训练时，思维主体要以站立的姿势进行，待身体站直之后，缓慢地将左臂向左侧举起，举到与肩齐平的位置停止，然后再将左臂向左上方举起。在这一过程中要保持头部不动，手臂举到高点之后，就可以按照相反的顺序回复原位，如此反复进行 8 个节拍即可完成本次训练。

第四个阶段的训练要求思维主体先以直立的姿势站立，然后将身体缓缓地向左侧倾斜，直至身体贴地。此时，思维主体的整个身体全由左手手肘和右脚脚尖支撑，左腿伸直紧贴地面，整个身体呈一个倾斜的直线状。保持这个姿势，之后再缓缓地将左腿弯曲，支撑身体恢复原来的姿势，如此重复进行 8 个节拍，即可完成该阶段的训练。

第五个阶段的训练则是以俯卧的姿势开始，思维主体俯卧在地，以手腕和脚尖作为支撑身体的基点，姿势稳定之后，首先将左腿向高处抬起，然后手臂发力连续俯卧两次，然后将左腿回归原位。做完这一个动作之后，稍做休息，即可重复上面的动作，每次重复时俯卧的次数可酌情增加，直至每次俯卧的次数达到 8 次为止。

在使用单侧体操法进行训练的过程中，思维主体还可以利用闲暇时间有意识地活动左边肢体，这样就可以在潜移默化之中起到锻炼右脑的作用了，再加上有意识的单侧体操训练，思维主体的记忆力可以获得非常显著的提高。

按摩操也是体操法中较为重要的一种，这种方法是按照中医学穴位按摩的原理设计的。这种方法的主要优点是花费时间少、简单易上手，所以也是一种非常实用的方法。练习按摩操之前，首先要找到“天柱穴”（位于后发际正中旁开2厘米左右处）和“风池穴”（在头额后面大筋的两旁与耳垂平行处）这两处穴位。找准穴位之后，将双手交叉置于脑后，用双手大拇指的指腹按压两处穴位，每处穴位按压5秒钟后即可突然加压，然后将拇指松开，如此作为一个按压循环。反复按压5至10次之后，即可完成本次练习。

按摩法的效果非常显著，一般按压结束后思维主体就会有非常舒适的感觉。每次按摩所产生的效果都会让思维主体的头脑变得十分清醒，双目清明有神，所以此时正是识记的最佳时间。在进行按摩法的过程中，还可以对顶心的“百会穴”（在头顶正中线与两耳尖连线的交点处）进行按摩，这样所产生的效果会更明显。

手指操是健脑体操法中最为常见也最常用的一种。科学研究表明，手指的运动中枢在大脑皮层中所占据的区域是最广泛的，所以手指的活动自然可以轻而易举地刺激脑髓中的手指运动中枢，这样一来也就可以促使大脑智能的发育和提高。手指操的方法有很多种，但凡人们所进行的活动基本都是以双手十指为主的，都可以称为手指操。比如：弹琴、吹笛、弹吉他、手指舞等。

本书也为读者朋友们精选了一种手指操法，这种方法要求思维主体将手掌伸出、绷直，大拇指向上竖起，其余4指并拢在一起。首先让食指垂直向上运动，到高点之后，再垂直向下运动，直到重新触碰到中指为止，如此反复5次，完成第一个动作。

恢复拇指向上、4指并拢的姿势之后，使小指做垂直向下运动，达到低点之后，再垂直向上运动与无名指相碰触，如此反复5次即为第2个动作。恢复拇指向上、4指并拢的姿势之后，按照上面的运动方法使食指和小指同时向上和向下做垂直运动，分别触碰中指和无名指5次，中指、无名指保持不动，此为第 3 个动作。

恢复 4 指并拢、拇指向上竖起的姿势后，先将中指和无名指分开，小指和无名指并在一起作为一个整体，中指和食指并在一起作为一个整体，然后让无名指和中指做垂直开合动作，中指和无名指触碰 5 次为一个节拍，即可完成最后一个动作。

在进行这 4 个动作的过程中，一定要注意保持 5 指和手掌的平直，手指在运动的过程中也不可歪斜、弯曲。练习的时候可以按照先右手再左手的顺序进行，等到动作熟悉之后再开始双手同时运动。

第七节　名人的记忆方法

张弼君一个人坐在书桌前发呆，他觉得自己是一定无法完成老师布置的课外作业了，一想到不能完成作业的人要被罚打扫厕所一星期，张弼君就觉得自己的整个胃都开始翻腾。发呆终究不是解决问题的办法，张弼君不得不重新思考逃脱惩罚的办法。

张弼君的语文老师非常注重学生的课外阅读情况，他总是在将要放假的前夕向学生们提供一份选读目录，目录上罗列了他精心挑选的散文、诗歌、文言文名篇。学生们从目录中挑选自己中意的作品，利用假期时间将自己选择的作品理解背诵，等到假期结束之后，在课堂上进行背诵并宣讲阅读感言。

显而易见，语文老师的这种做法是很有成效的，只经过了一个寒暑假，整个班级里学生的语文成绩都获得了非常大的提高，张弼君也是如此。按道理来讲，张弼君有过两次背诵的经历，是不应该为“背诵”这件事感到烦恼的，只不过今年张弼君大意了，爱出风头的他冒冒失失的、随机性挑选了一篇足足有5000多字的文言文。等到他找到这篇文章的资料准备背诵时，距离开学只剩不到十天的时间了，而此时他想要反悔，也来不及了。

现如今，张弼君真的是“哑巴吃黄连，有苦说不出”。唉声叹气、自怨自艾一番之后，张弼君摇摇头，将脑海里乱七八糟的东西暂时压制下来，然后拿起书桌上的一本名人传记津津有味地读了起来。事实上张弼君也是很喜欢读书的，现在既然实在想不出解决问题的好办法，那就暂且将这些烦心事丢在一边吧！

读了一会儿书之后，张弼君惊讶得张大了嘴巴，仿佛看到了一些不可思议的事情，他匆匆将手里的传记夹上书签，便急急忙忙拿起那篇需要背诵的文言文，按照刚才在传记中看到的方法，试验性地背诵了一段。这一背之下，效果竟然出奇的好，张弼君只用了很短的时间就将这段拗口的文言文背了下来。初见成效之后，张弼君就像发现了新大陆一样，急不可耐地捡起了那本传记细细地品读起来。

十天后，张弼君在语文课上大出风头。一篇5000多字的文言文被他一字不落地背了下来，更出彩的是，张弼君不仅阐述了这篇文章的含义，还发表了观点独到、具有“个性”的见解。张弼君的表现让语文老师非常欣慰，语文老师在课堂上热情洋溢地表扬了张弼君同学，并要求其他同学向张弼君学习。

张弼君在享受“风光”的同时，也暗自感到侥幸，如果不是在那本传记中发现了毛主席读书时使用的方法，他是无论如何也做不到在短短的十天之内将一篇长达5000字的拗口文言文背诵下来的。此后，张弼君开始热衷于阅读各类名人传记，他希望从这些名人身上学习提高阅读、记忆能力的方法。

一代伟人毛泽东主席曾将提高记忆力的方法总结为：“多读、多写、多想、多问”这八个字，后人简称为“四多”记忆法[①]，这种记忆法也是毛主席一直坚持使用的记忆方法。毛主席主张的“多读”，除了要求思维主体多看书、多阅读，还要求其对重点书籍进行重复性阅读。

在毛主席的学习生涯中，他不仅要求自己将读过的古诗词背诵下来，还

①《学子》，2003年03期。

要做到能够随口吟咏。毛主席曾先后阅读《资治通鉴》一书多达十几遍，这种多读的记忆方式极大地锻炼了他的记忆能力，即便是在晚年的时候，毛主席的记忆力也是很好的。

“多写”指的是在读书的过程中多做读书笔记，随时随地对书中内容进行批注。在毛主席的阅读生涯中，他几乎是无笔不读的，在他看来，一边读一边写是增强记忆力的重要方法。毛主席读书的时候尤爱“眉批”，在丰泽园图书室内，由他批注的书籍就有 13000 多册。

“多想”是要求思维主体在阅读的过程中弄清楚书中所阐述的观点、道理是什么，对该观点、道理进行判断、对比，深刻记忆正确观点，明确区分错误观点。毛主席认为，人在阅读的时候总会遇到一些疑问，并随之产生认同、反对、怀疑、不解等感受，在阅读的时候将这些感受以文字的形式记录下来，或与作者进行讨论，或汇总历代学者的见解进行比较，最终得出属于自己的观点。这样一来，所读的书自然也就深刻地记在脑中了。

“多问”，顾名思义，是指思维主体在阅读的过程中一定要对不理解或者产生疑问的地方进行提问，向先行者、长者、智者、学者请教。毛主席在求学期间就特别喜欢求“问”，他除了向本校教员请教问题，还经常拜访前来讲学的专家学者，向这些人求教。所以毛主席认为只有好学、好问的人，才能真正将知识弄懂、记牢。

钱钟书先生对识记也有着独到的见解，他认为在识记过程中最为重要的就是一个“勤”字，勤看和勤写就是钱钟书先生主张使用的记忆方法。钱钟书先生不仅精通英、法、德、意等多国外语，他所著的五卷《管锥编》也是学术经典。能取得这样高的成就固然与钱钟书先生幼承家学有关，但最关键的还是被钱钟书先生所贯彻的“勤看、勤写法”。

钱钟书先生酷爱阅读线装书刊，他总是整日待在文学研究所的线装书库中进行阅读。久而久之，很多书籍的借阅卡上都署上了钱钟书先生的名字，他看书库内的书刊时就如掌上观纹一样清楚明白。钱钟书先生在阅读的时候喜欢抄录精彩文段或做笔记，他还经常临时客串书库管理人员，向前来借阅书刊的学子们介绍各类古籍摆放的位置。

我国的著名桥梁专家茅以升先生同样有属于自己的记忆方法。茅以升先生认为提高记忆力的最好办法就是对自己进行日积月累的记忆锻炼，只要将“日积月累”落到实处，记忆力的提高也就水到渠成了。除了坚持背诵诗词，茅以升还经常背诵抽象的数字来锻炼记忆力，凭借日积月累的坚持，茅以升硬是将圆周率小数点后面的 100 位数全部背了下来。

茅以升在幼年的时候，每天都会坚持在清晨时分到河边背诵古诗，这种每日必诵的习惯不但让他的知识储备大大增加，还极大地提高了他的记忆能力。有一次，茅以升的爷爷抄了一篇《京都赋》，茅以升只看了一遍，就将这篇古文一字不差地背了下来，可见“日积月累法”的效果是非常显著的。

我国著名经济学家孙冶方也有自己特有的记忆方法——“腹稿记忆法”。1968 年，孙冶方被“四人帮”诬陷，被迫入狱接受“改造”。在狱中，孙冶方没有向恶势力低头，他坚持自己的想法，凭借着“腹稿记忆”的方式，将大量资料牢牢储存在脑海中，最终在没有笔纸的艰苦条件下，在狱中写出了《社会主义经济论》一书。

用打腹稿的方式来写下一本书谈何容易，更何况是《社会主义经济论》这种全书共计 22 章、183 小节的“厚书”！孙冶方为了能够将这本书的内容记住，他先后在脑海中打了 85 遍腹稿，而且每过一个月，他都会重新将书中内容默记一遍。就这样，凭借着“腹稿记忆法”，孙冶方的记忆力大大增强，他一出狱，就将脑海中的“腹稿”撰写成书，在当时引起了极大的反响。

第三章

多角度记忆法

第一节　抽象资料转换法

王家出了一位神童的消息早已经不是秘密。自从王家小子——王之恒在课堂上一字一句地将《三字经》全文背诵下来之后，这个所谓的“秘密”就成了邻里之间在茶余饭后的谈资了。现如今，“秘密”已经不足以引起大家的兴趣，他们真正关心的重点也发生了转变。人们开始研究王家的这名神童到底是怎样培养出来的？培养神童又需要耗费多少心血？自己家是否也可以用这样的方法来培养出一个神童？

年幼的王之恒在当地一举成名，各大媒体纷纷来访，希望能够探知“神童”背后的奥秘。原来，王之恒之所以能够将《三字经》牢牢记住，完全是因为他和爷爷在一起做的一个游戏。爷爷偶尔会在王之恒背诵《三字经》的时候，将这些浓缩、抽象的词句转换成一些有趣的形象、故事讲给他听，饱含童心的王之恒对这些被转换的内容、故事非常感兴趣，他很快就主动、自觉、积极地参与到了爷爷的“游戏”当中。这样一来，《三字经》的内容自然在他的脑海里留下了非常深刻的印象。

既然不是天生就拥有的“超能力”，人们对王之恒的兴趣也大减，他也成功摆脱了“神童”的光环，王之恒的生活又回归平静。随后几年，王之恒表现平常，他再也并没有显现出超出常人的能力，神童一事也就销声匿迹了。乡邻之间也不再流传“王家藏私”这种谣言，但王之恒自己却对一件事情感到诧异。

原来，随着年岁的增长，王之恒接触到的新知识也慢慢变多，他发现教科书上有很多抽象的词语、句子都是可以进行转换的。在接触到一些远古岩画、上古时期的文字和商周时期的铭文之后，王之恒觉得这些资料都可以理解为是对抽象信息和难以理解的资料进行转换后所得到的形象。王之恒还发现在记忆这些被转换过的资料时，所花费的时间和精力都远远小于识记抽象资料时的死记硬背，这让他对这种“神奇”的现象非常感兴趣。

王之恒决定搜集关于抽象资料转换方面的书籍来对自己的“猜想”进行求证，一番求证之后，还真让他找到了一种经过科学验证的记忆方法——抽象资料转化法。这种方法可以将抽象的信息转化成能够被思维主体快速识记的信息，使记忆模式从左脑的“死记硬背式”转成右脑的“创造模式”。例如，吹牛这个词语就可以在脑海中转换成一个人冲着牛拼命吹气，试图将一头牛吹上天的形象，识记的速度自然也就非常快，而且记忆的结果也很牢固。

凭借着抽象资料转换法，王之恒马上就从死记硬背的学习模式中脱离了出来，他的记忆能力自然也越来越出众，很多艰深晦涩的词句、公式都被他轻松拿下，这样也就有了更多的精力来学习新的内容。凭借着超出常人的记忆能力，王之恒的学习成绩一下子就提了上去，他再次成了他人眼中的优等生。

研究证明，思维主体只需经过 20 个课时的专业化抽象资料转换训练，即可熟练背诵《百家姓》《三字经》等。抽象资料转换的方法由来已久，我国先民早在上古时期就已经将抽象资料转换法应用到文化、生活等方面，经过几千年的发展，抽象资料转换法早已被总结成为系统的方法，只不过大多数人在学习、识记的过程中都会优先使用左脑来“死记硬背”，而不清楚抽象资料转换法的具体内容。

抽象资料转换法的第一种使用方法是：代表物法。该方法意指，在所需记忆的抽象资料为单一个体或者单一组体的时候，思维主体以一个或一组具有代表性的形象来代替记忆对象进行记忆，等到思维主体需要复述、回忆抽象资料的时候，只需将形象内容还原成抽象信息即可。

例如思维主体需记住这样一组词语：快乐、天堂、刑法、积累、力学、净化、固体、道德。在记忆第一个词语“快乐”的时候，我们就可以找一些能够代表该词语的形象来代替它，比如，妈妈的笑脸、太阳、四叶草（西方人认为能够发现一株四叶草，是非常快乐、幸福的事情）等。第二个词语“天堂”则可以用教堂穹顶上的壁画、飞在空中的天使、充满宁静祥和气氛的城堡等形象作为替换。第三个词语“刑法”则可以用刑具、枷锁、镣铐、监牢等形象作为替代。

由于不同人的思维发散程度是不一样的，所想到的事物形象也各不相同，所以只要思维主体觉得自己所找到的事物形象是能够起到代替作用的即可。需要特别强调的是，思维主体在选择替代形象的时候，一定不能用抽象事物形象来替代抽象资料（比如用“精练”来替代“升华”），这样做就无法取得快速记忆的效果。

抽象资料转换法的第二种使用方法是：谐音法。该方法指利用所需记忆资料的同音或者近音的条件，用同音或者近音的字来代替所需记忆的抽象信息。在使用这种方法的时候，一定要有巧妙的构思和大胆的设想，只有这样，转换出来的谐音字才能够促使思维主体产生强烈的学习兴趣，从而达到积极主动识记、快速优质记忆的目的。

假如思维主体需要识记的抽象词语是：估价、邻里、离子、法规、奋斗、魅力、理性、克拉。我们首先对第一个词语“估价”进行谐音转换，

“估价”可以转换成白森森的人体或者动物“骨架”，也可转换成红涨绿跌、高抛低进的“股价”，还可以转换成姓顾的人家“顾家”，甚至可以转换为钴的价格——“钴价”等谐音词语来进行记忆。

第二个词语“邻里”可以转换成树木众多的样子——“林立”，也可以转换成被水淋湿或者流汗不止的样子——“淋漓”，还可以转换成人的名字“蔺黎”，如果你身边恰好有叫“蔺黎”的人，那你只要想到她（他）的名字，就可以马上进行转换了。

第三个词语“离子”可以转换成水果的名字——“梨子”“栗子”“李子”等，也可以转换成课堂上组词造句时所举的“例子”，还可以转换成军人训练时站立的姿势——“立姿”。研究表明，所有的记忆资料都可以用谐音记忆法来进行转换，但在复习或者回忆的时候一定要按照转换谐音的思路来对记忆对象进行还原。

第二节 环扣记忆法

周士相在毕业之后如愿加入了一家心仪的教育研究机构，他希望能够在这里找到提高学习效率的捷径。周士相并不是一个非常聪明的人，他现在所取得的成绩全部来自坚持不懈、夜以继日的努力。现实生活中，人们往往只会关注一个人所取得的成果如何，而从不会去关注这个人为了成功到底付出了多少努力和艰辛。

周士相很清楚地知道求学之路上的艰辛与困苦。对于每一名学生都必须面对的升学考试，学生们最不应该出现的一个状况就是“偏科”，不论是哪一门学科出现短板，都会使学生的考试成绩大幅度下滑，甚至会酿成“金榜无名”的严重后果。周士相认为，想要解决“偏科”这个问题，就必须找到能够快速提升学习效率的捷径。

经过几年的努力，周士相结合前人的研究成果，终于找到了一种可以快速提高学习效率、记忆力的办法——环扣记忆法。顾名思义，环扣记忆法是借用链条环环相扣的原理，将那些原本毫无联系的记忆资料一环一环地相衔接。在识记大量资料的时候，这些环环相扣的“记忆链条”就以生动形象的画面“刻录”到大脑中，从而使思维主体的识记能力得到一个质的飞跃。

找到了提高学习效率的方法之后，周士相便迫不及待地将这种方法应用到了教学实验当中。他从与研究机构合作的学校里挑选了30名政治、历史成绩低于40分的学生，让这些学生每周抽出2个课时的时间来接受环扣式记忆训练，以此来验证环扣记忆法的成效。

在经过一个学期32个课时的训练之后，这30名学生的政治、历史成绩全部获得了大幅度的提升，30人中成绩最差的学生的成绩也提升了40分。在随后的调研中，周士相还发现这30名接受环扣记忆训练的学生的学习效率比其他未接受环扣记忆训练的学生的学习效率要高出很多倍。由此可见，环扣记忆法是完全可以实现提升学习效率的目的的。

环扣记忆法的斐然成效让周士相感到十分满意，他还凭借着环扣记忆法所取得的成果，顺利成为该教育机构的项目负责人。随即，环扣记忆法就成了该教育机构的主打项目，该机构也凭借环扣记忆法博得了广大师生的好评，一度成为社会上最受欢迎的教育研究机构。

研究表明，环扣记忆法针对的就是学习过程中所需记忆的大量的、成套的、一连串的知识要点。通常情况下，学生们很难在一定的时间内将大量的知识点完整地记住、记牢，即便有的学生做到了，那他所付出的时间和精力也超乎常人的想象。在这种情况下，学生们恰恰就需要借助环扣记忆法来提高记忆、学习效率，以达到完整、牢固记忆的目的。

想要掌握环扣记忆法，首先要掌握以下三个步骤：

第一个步骤：熟练切换左右脑。在思维主体尚未掌握记忆方法或左右脑分工理论的情况下，其识记过程常常通过左脑机械“强记”来完成。这种记忆方式不仅会使思维主体浪费很大的精力，还会使其右脑处于闲置状态，这对脑力来讲同样是一种极大的浪费。

环扣记忆法的目的就是将右脑“激活”，将右脑的创新、创造能力发挥到极致，将所需识记的资料由左脑摄取的文字转换成生动、鲜明、相互衔接的形象，使信息与信息之间形成链接，从而衍生出无穷多的感性形象，以此来帮助记忆。

例：请在 10 分钟内按顺序记住一组词语。1. 纸巾 2. 桌子 3. 玩具飞机 4. 孙悟空 5. 收音机 6. 电视机 7. 苹果 8. 高山 9. 大脸猫 10. 弥勒佛 11. 大雷音寺 12. 张择端 13. 开封 14. 爷爷 15. 香山 16. 萨摩耶 17. 野鸭 18. 自鸣钟 19. 牛栏山 20. 奔驰 21. 皇帝 22. 江湖 23. 书画 24. 花草 25. 星空 26. 梯子 27. 高楼 28. 黑夜 29. 江山 30. 生命。

在识记这 30 个词语的时候，我们就要激活右脑的功能，对第 1 个词语"纸巾"展开想象，在脑海里将纸巾"变成"红色的、蓝色的、紫色的，甚至是黑色的，还可以想象这张纸巾是柔软的还是粗糙的，有没有香味，等等。

第 2 个词语"桌子"则可以构思成：这是一张由黄金或玉石制成的书桌。第 3 个词语"玩具飞机"则可以构思成：高高飞在天空中的玩具飞机。第 4 个词语"孙悟空"则可以构思成：将天宫闹了个天翻地覆的孙悟空。第 5 个词语"收音机"则可以构思成：正在播放劲爆音乐的收音机，等等。

脑功能切换完毕后，即可开始第二个步骤——环扣联结知识点。在这个步骤里，唯一的要求就是尽量将链接前后资料的联结部分夸大，最好能够夸大到不符合左脑的逻辑思路，不符合常识，甚至是不合理的，这样就可以让记忆资料在右脑中清晰、牢固地储存下来。如果在进行联结的过程中，思维主体依然试图遵循逻辑和常理，那就会让记忆模式重归左脑掌控，这样是不可能学会环扣式记忆法的。

下面我们将第一个步骤里经过右脑加工的词语联结起来。纸巾——桌子：用黑色的纸巾将桌子吊在了房梁上。桌子——玩具飞机：桌子掉了下来，将飞在高空中的玩具飞机砸了个洞。玩具飞机——孙悟空：玩具飞机的洞里面关着大闹天宫的孙悟空。孙悟空——收音机：孙悟空正在用收音机听歌。

联结完成之后，为了能够记得更加牢固、准确，思维主体就必须进行第三个步骤——回想。这个步骤要求思维主体将第二个步骤里已经联结好的资料按顺序再次在大脑里回想一遍，在这个过程中一定不要将已经联结的资料与其他资料的链接打断，这样就会使记忆顺序、思维产生混乱，从而浪费大量的时间来修正。

等到所有的联结都被大脑完整地记录下来之后，就可以随时转换、还原成原有的信息了。如果需要进行联结的资料属于抽象资料，那么在进行第 1 个步骤的过程中就需要借用前文中的“谐音法”来进行抽象资料的左右脑切换，切换完成之后再按部就班地进行第二步——环扣知识点联结，最后进行第三步回忆、确认，即可达到识记的目的。

第三节　食物增强法

科学研究表明，合理的饮食习惯是确保人体康健、大脑机能正常运转的必要条件。有些食物不仅可以给人体提供能量，还能够在一定程度上增进人的智力，使人的思维变得更敏捷。仅凭借单一的素食，很难对大脑的发育起到促进和帮助作用。

现今社会，物产越来越丰富，其中就有很多宜脑利智的食品，而且它们都算得上物美价廉，非常普遍。所以现在普通家庭都能够通过食物补脑、健脑。营养保健专家研究发现，生活中有 9 种常见的食品可以对大脑、智力的发育起到促进的作用，也就是说食用这些食物可以有效地提高我们的记忆力。

1. 鸡蛋。科学研究发现，人类记忆力的高低与大脑中的乙酰胆碱的含量有着密切的关系。我们在食用鸡蛋之后，蛋黄中所蕴含的卵磷脂会被人体酶分解，由此化合出大量乙酰胆碱。

这些乙酰胆碱随着血液进入大脑中，可直接被大脑吸收，给大脑提供充足的能量。大脑的功能获得提升之后，记忆能力也就会有非常显著的增强。科学研究表明，人类每天应食用 1 ～ 2 个鸡蛋，这样就可以向大脑提供足够的乙酰胆碱，使大脑有足够的“动力”。

2. 鱼类。淡水鱼富含不饱和脂肪酸，这种脂肪酸不仅不会导致脑血管出现硬化现象，还可以起到软化血管、保护脑功能的作用。此外，鱼类还含有丰富的优质蛋白和易吸收的钙，这些物质也可以向脑细胞提供能量，起到促进脑活动的作用。

鱼类中补脑的良品是沙丁鱼，这种鱼富含 EPA 和大量的维生素 A、核酸和钙，其中维生素 A、核酸和钙可以起到增强记忆力和缓解焦虑的作用。

3. 大麦、土豆泥。大麦、土豆泥对记忆力的提升作用是加拿大科学家普伦发现的，他认为土豆中富含丰富的葡萄糖，当土豆以土豆泥的形式进入人体之后，土豆所蕴含的葡萄糖只需要 15 分钟就可以被吸收并运送到脑部，成为支持大脑运转的能量。

而大麦可以增加人体血液中葡萄糖的含量，虽然这种能量吸收较慢，但对大脑同样有着不可忽视的作用。葡萄糖可以增加人体乙酰胆碱含量，乙酰胆碱可以遏制人的记忆力退化，起到快速提升记忆能力的作用。

4. 味精。味精的主要成分是谷氨酸钠，谷氨酸钠溶于胃酸之后，可以分解为谷氨酸。谷氨酸是人脑新陈代谢中唯一的氨基酸，这种氨基酸不仅可以促进脑功能的发育，还可以对大脑起到维持和保护的作用。但味精不宜多吃，食用时需注意控制用量。

5. 小米和玉米。小米富含维生素 B1、维生素 B2、色氨酸和蛋氨酸。这些成分可以有效地起到延缓大脑衰老的作用，所以常食小米饭能够很好地保护大脑。玉米中饱含亚油酸、不饱和脂肪酸和谷氨酸，这些成分可以有效地促进脑细胞的新陈代谢，使脑功能处在最佳状态，所以经常吃玉米可以起到提神健脑、增强脑功能的作用。

6. 花生。花生富含卵磷脂和脑磷脂，这两种成分是神经系统所必需的物质，而且它们也可以起到抑制脑功能衰退、防止形成脑血栓、促进大脑血液循环的作用，所以常吃花生可以起到增强记忆力、延缓大脑衰老的作用。

7. 辣椒。辣椒富含维生素 C 和辣椒碱，辣椒碱不仅能够使人食欲大增，还可以起到促进大脑血液循环、促使肾上腺激素分泌、脑功能活跃的作用。所以常吃辣椒可以使人的精力变得充沛，精神变得集中，是可以有效提高记忆力的最佳蔬菜。

8. 橘子。橘子富含维生素 A、维生素 B1、维生素 C 等，这些成分可以使人体精力充沛，再加上橘子属于碱性食品，这种“碱”可以消除酸性食物对人脑神经系统所造成的损害，所以经常吃橘子可以保护神经系统，起到提高记忆力的作用。

9. 牛奶。牛奶富含大量蛋白质、维生素 B1、钙以及氨基酸。牛奶中的钙可以直接被人体吸收，是脑代谢过程中不可或缺的营养物质。维生素 B1 对脑细胞十分有益，可以起到补脑、健脑的作用。在用脑过度的情况下，饮一杯牛奶可以使大脑获得营养补充。

第四节　数字记忆法

钱鼓瑟准备去市中心的一家大型购物商城内应聘，这家商城需要招聘一名商业主管，她看上这个职位已经很久了，早就想去试试。照理说，像这种大型购物商城的业务主管职位，是很多人争着抢着都要得到的好工作，可这次招聘显然不同寻常，招聘信息公布出来已经有两个月了，这家大型商城依然没有招到理想的人选。这说明应聘的难度一定很高，为此钱鼓瑟内心还真是有些忐忑。

钱鼓瑟学历一般、经历一般，她除了有高挑的身材，几乎没有任何可以拿出手的资本，可她还是想去试试，万一撞了大运呢？一番面试下来，钱鼓瑟就彻底对这份工作不抱任何希望了。她从没见过有这样“变态”的公司！竟然要求面试者在7天之内将由商城提供的2万种商品的价格标签一字不差地背下来！谁能做到？钱鼓瑟不认为有人可以做到，至少她做不到。

怪不得招不到人呢？！钱鼓瑟恨恨地想，可是想来想去，她又想背一背试试看，万一自己就是那个“万中无一”的人才呢？头一天，钱鼓瑟咬牙切齿地背了2000种商品的价格，这让她很满意。可等到第二天一大早，她就傻眼了，一个懒觉的工夫，她竟然将昨天背诵的内容忘了一大半，照这样的速度来看，7天的时间，她满打满算也就只能背诵7000种！这样的成绩无论如何也是不会被商场录取的，钱鼓瑟又一次皱起了眉头。

既然自己解决不了这个问题，钱鼓瑟就决定求人帮忙。钱鼓瑟求人求得很急，朋友自然也就很尽心地给她出谋划策。一天后，经一位好闺密的介绍，钱鼓瑟来到了一家教育培训机构门前，虽然这家机构的门面看起来很不“霸气”，但她还是决定试一试。据钱鼓瑟的朋友称，这家教育机构专门致力于数字识记方面的研究，钱鼓瑟要识记的内容刚好是一大堆商品的价格，所以在这里应该可以找到解决问题的办法。

这家教育机构的工作人员在认真倾听了钱鼓瑟的要求后，马上就给她安排了有针对性的数字记忆训练。在接下来的五天里，钱鼓瑟经过有计划、有方法的数字识记训练后，终于成功地将两万种商品的价格标签全部完整、准确地记了下来，最终如愿得到了她梦寐以求的工作。

参加工作之后，钱鼓瑟才清楚地知道了商城要求她背诵商品标签的初衷。刚上班不久，钱鼓瑟就可以在极短的时间内将客户退货、变更货物、同类货物对比推荐、整理货物等事情完美地处理好，这种既准确又快速的办事效率，完全归功于被她熟记的商品价格信息，而她之所以能够将 2 万多种商品的价格记熟，主要就是“数字记忆法”的功劳。

在现今社会的学习生活中，不论是求学还是工作，都离不开数字资料，高效处理大量的数字资料已经成为获得成功的必要条件。这些数字资料不但与人们的生活息息相关，而且已经成为人类社会发展中必不可少的一部分。在识记由纯数字组成的数据时，几乎人人都会觉得困难。

究其原因，主要是数据只会以 0 ~ 9 这 10 个基本的阿拉伯数字组成，由于这 10 个数字的搭配变化无穷无尽，数字在数据中也非常容易出现重复，所以导致整组数据缺乏逻辑性和规律性，再加上重复所致的相似性，最终导致识记数据的结果变得混乱不清。

科学家为了解决这个难题，开创性地提出了数字图码记忆法、数字谐音记忆法等方法来帮助识记数字。数字图码记忆法是指思维主体在识记数据的过程中，根据数字的外形将数字转化成与之相近的图像，以图像代替数字，以此来达到快速识记的效果。数字谐音记忆法是指思维主体在识记的过程中借用数字读音的谐音或者约定俗成的读音来将数字转化成汉字的方法。这种方法在识记历史性数据资料的时候效果最为显著。

数字图码记忆法其实和莫尔斯电码的原理很相似，只不过莫尔斯电码是将电报机发来的长短电信号编译成了汉字，而数字图码记忆法是将数字编译成具体的图像，用这些图像来帮助记忆。在使用数字图码记忆法之前，我们首先要掌握 0 ~ 100 这组数字的图码转换表，只有将这个图码转换表牢牢地记在心里之后，才能随时随地借用数字图码记忆法对数据进行编译、记忆。

数字图码转换表内共有 110 个数字，根据这些数字的外形、谐音、节日含义、字面意思等信息转换而来。这些由右脑创造性思维所设定的代码可以根据个人的喜好和习惯进行设计，例如：

1——火柴（外形像一根火柴）

2——天鹅（外形像一只天鹅）

3——弹簧（外形像弹簧的简笔画）

4——红旗（外形像一面三角红旗）

5——手掌（手掌上有 5 根手指，字面意思相同）

6——口哨（外形像一个口哨）

7——镰刀（外形像一把镰刀）

8——葫芦（外形像一个葫芦）

9——猫（都说猫有 9 条命，字面意思相关）

10——棒球（1 像球杆 0 像球，合起来像棒球）

11——诗意（读音相似）

12——时钟（时钟有12个刻度，字面意思相关）

13——石山（读音相似）

14——钥匙（读音相似）

15——中秋（8月15中秋节，节日含义）

16——石榴（读音相似）

17——仪器（1读仪7读器）

18——地狱（地狱有18层，字面意思相关）

19——嗜酒（读音相似）

20——鹅蛋（2像鹅，0像蛋，20就像鹅蛋）

21——阿姨（读音相似）

22——比翼鸟

23——乔丹

24——节气

25——二胡

26——二流

27——二期

28——恶霸

29——二舅

30——三菱

31——三亿

32——三儿

33——蝴蝶

34——三丝

35——香烟

36——三流

37——三期

38——妇女节

39——感冒药

40——司令

41——蜥蜴

42——事儿

43——四散

44——圣诞树

45——司务

46——丝绺

47——私企

48——丝瓜

49——四旧

50——武林

51——劳动节

52——木耳

53——巫山

54——青年

55——呜呜

56——物流

57——枪

58——舞吧

59——兀鹫

60——刘玲

61——儿童

62——牛耳

63——绿山

64——柳丝

65——锣鼓

66——蝌蚪

67——油漆

68——喇叭

69——漏斗

70——麒麟

71——党员

72——弃儿

73——旗杆

74——骑士

75——器物

76——气流

77——卢沟桥

78——青蛙

79——妻舅

80——巴陵

81——解放军

82——靶儿

83——花生

84——巴士

85——夜明珠

86——八路军

87——八旗

88——爸爸

89——芭蕉

90——旧铃

91——旧衣

92——酒窝

93——旧伞

94——医生

95——旧物

96——酒楼

97——酒旗

98——酒吧

99——舅舅

100——衣摆

00——眼睛

01——北京

02——上海

03——东山

04——临时

05——东屋

06——冻肉

07——冻鸡

08——冬瓜

09——灵柩

熟练掌握了以上的 110 个数字图码之后，在识记数据的过程中，我们就可以马上找到与之对应的图码，凭借这些图码就可以帮助我们顺利地将数据记住。等到我们可以熟练地将数字和图码相互转换的时候，还可以根据个人的经历和喜好将数字的图码进行替换，以此来增添识记的乐趣。

数字谐音记忆法相对比较简单，在使用这种方法的时候，要注意两个原则：

第一，在对数字进行谐音转换的过程中，一定要尽量让准备替换的谐音与原数字的读音相似，相似的程度越高，能达到的记忆效果就越好。如果进行转换的数字有约定俗成的读音，那就应该用约定俗成的读音来转换。

例：0 可以读成洞（约定俗成）、另、凌、零、令、菱等；1 可以读成拐、幺（约定俗成）、一、忆、意、衣、仪；2 可以读成而、尔、二、儿、耳、饵；3 可以读成三、伞、散、叁、山；4 可以读成四、死、司、思、私、斯；5 可以读成五、吴、武、舞、兀、巫、吴；6 可以读成留、六、刘、柳、绺、路；7 可以读成起讫、其、妻、弃、气；8 可以读成把、吧、八、爸、靶；9 可以读成就、九、旧、舅。

第二，如果在转换的过程中，所需记忆的资料是由数字和文字一同组成的，那就一定要在进行转换的过程中尽量将这些资料转换成形象生动、特征鲜明、活泼动人、打破逻辑，一看就会给人留下深刻印象的图像。按照这种思路得出的结果，才能在最大限度上提高思维主题的记忆能力。

例 1：马克思出生于 1818 年 5 月 5 日，即可转换成马克思出生后不久就会用手一巴（18）掌一巴（18）掌地打得其他小孩子呜呜（55）直哭。

例 2：黄河全长 5464 千米，可以转换成测量黄河长度的时候有个青年（54）被柳丝（64）缠住了脖子。

例 3：中日《马关条约》签订的时间是 1895 年，可以转换为一个人在中日《马关条约》签订的时候从别人那里抢来了一把酒壶（1895）。

第五节　习惯记忆法

项林聪打小就特别钦佩那些为了建设祖国而奋不顾身地赶往边疆苦寒之地的英雄们，正是因为这些人，祖国才越来越富强。他立志等到自己长大了以后，也要像心目中的英雄那样为建设祖国的边疆贡献出属于自己的力量！项林聪觉得想要改变边疆的现状，就应该从提高边疆地区的教育水平上着手。为了可以亲自参与、完成“改变边疆落后局面”这一伟大的愿望，项林聪决定成为一位品格高尚的义务援疆教师，为自己的理想奋斗！

大学毕业后，项林聪坚毅地踏上了开往新疆的火车。经过三天四夜的奔驰，项林聪终于赶到了目的地——新疆库尔勒市。这一次组织上将他安排到了库尔勒市下辖的一个偏远团部驻地任教，这个团部的驻地已经非常接近大戈壁，属于治理荒漠的前哨。虽然驻地内的物质生活条件不算特别艰苦，但是因为这里经常会遭到沙尘暴的袭击，所以每次来疆支援的教师都不愿意去这个团部任教。

接到任务后，项林聪就毫不犹豫地赶到了该团部的驻地，团部领导热情地接待了他，并带他参观了建在团部中心的红星小学。这所小学里一共有100 多名学生，他们不分年龄、班级，所有人都挤在一间教室内期盼着新老师的到来。这所学校里只有项林聪一名教师，所以他需要承担这 100 多名学生的教导任务，并接手所有年级的课程。

仅仅过了一个月的时间，项林聪就觉着自己有些吃不消了。更关键的是，在前两天他安排的一次考试中，孩子们提交的答卷让他感到沮丧。在这一个月里，孩子们的学业不仅没有得到提升，反而还有下降的趋势，这让他非常焦灼、担忧。当天晚上，项林聪就拨通了他导师的电话，在电话里，项林聪将自己遇到的状况详细地讲了一遍，希望导师能够帮助他找到解决问题的办法。

导师耐心地听完了项林聪的讲述，他给项林聪出了这样一个解决问题的主意：他让项林聪将 1 ～ 5 年级所有学科的重点知识全部整理出来，分别写在不同的大报纸上，在写的时候把最重要、最基础的知识用彩色的笔书写，次级重要的知识点用黑色的笔书写。把大报纸写好之后，就将它们挂在教室内最显眼的地方，让每一名学生在进入教室的时候，一眼就能看到这些大报纸。项林聪还要亲自做“看报”的表率，他必须每天当着学生们的面看这些大报纸，务必要使每一名学生都注意到这些报纸上写的内容。

项林聪虽然不太清楚这样做的目的，但他还是按照导师的要求去做了。一年之后，项林聪惊喜地发现那 100 多个学生的学习成绩都获得了非常大的提高，这让他感到既欣喜又疑惑，他一直都弄不明白这些学生们的成绩是如何获得提高的。为了搞清楚这件事情，项林聪又一次拨通了导师的电话。

在电话里，导师讲出了学生成绩提升的秘密——挂在显眼处的大报纸。原来，学生们每天都能看到这些大报纸，并在项林聪的带动下养成了抬头看报纸的习惯，如此一来，学生们在耳濡目染的情况下就将报纸上面的重点悄悄地记在了脑海中，这就是借用习惯的力量来进行记忆。

习惯记忆法，就是将所需识记的知识点融入思维主体的生活环境中，使思维主体养成查看这些知识点的习惯，最终在不自觉的情况下将这些知识“印在”脑海里，这种记忆法对充满好奇、猎奇心理的少年儿童来讲是最有效的记忆方法。事实上，胎教和幼教都是借用习惯的力量，使孩子们在无意识的情况下将音乐频率、语言节奏等信息记录下来，慢慢形成身体的一种本能记忆，为今后的发展奠定基础。

习惯记忆法是充斥在人们日常生活中的记忆法，这种记忆法既是特殊的又是平凡的。在日常生活中有非常多良好的小习惯都是可以提高记忆力的，但前提是要养成这些习惯。比如：要养成早睡早起的好习惯。在睡眠中，脑细胞会得到充分休息，并且大脑可以在这个时间段内从身体的其他部位获取更多养分。所以，充足的睡眠可以保证大脑拥有充沛的精力。对于青年人来讲，一般情况下，睡眠时间以8个小时为佳，睡眠时间过长或过短都不适宜。

要保持良好的生活习惯，不酗酒嗜烟。良好的生活习惯可以让思维主体拥有健康的体魄和头脑，这是记忆的基础。不过度饮酒可以尽量减少酒精对脑细胞的刺激，避免大脑出现损伤，导致记忆力衰退。不嗜烟，是为了防止香烟中的尼古丁对人体产生危害，延缓细胞衰老的速度，这是预防疾病的关键。

对于上班族来讲，养成锻炼身体的好习惯是非常有必要的。这个习惯可以有效地调节、改善脑部中枢神经系统的兴奋与抑制过程，还可以使大脑获取充足、新鲜的氧气。凭借着大量的氧气供给，脑细胞可以获得充足的能量来进行新陈代谢，使脑功能得以充分发挥，记忆力自然也就水涨船高。

在日常生活中还要保持一个良好、乐观、积极的心情或心态，只有这样才能使身体的各个器官与神经系统得到协调统一，才能使人体的机能达到最佳状态。这种情况下，思维主体的身体还会向大脑反馈积极、向上的信息与活力，使大脑的能力得到增强，最终达到提高记忆力的目的。

习惯性地使用左手同样可以提高记忆力。左手连接人的右脑，锻炼左手就等同于锻炼右脑，所以在生活中可以着重培养“使用左手”的习惯。比如：用左手写字，用左手端茶杯、洗碗及整理物品。还可以专门购买一对健身球来对左手进行训练，等到思维主体可以熟练地使用左手去做右手常做的工作、事情时，思维主体的记忆力就会获得非常大的提高。假如思维主体是一个“左撇子”，那就可以针对性地锻炼右手，锻炼方法与左手相同，同样可以起到提高记忆力的作用。

对于年纪较大的人来讲，也需要通过习惯记忆法来改善自身的记忆状况。美国纽约西奈山医院就做过这方面的研究，他们认为老年人应该养成多晒太阳的习惯。因为阳光可以对人脑的神经生长因子产生反应，使神经纤维获得增长，而且经常晒太阳还可以养成良好的睡眠习惯，这对少眠易醒的老年人来讲是非常重要的。

老年人同样需要对身体进行锻炼，只不过他们锻炼身体的强度比较轻。科学家建议老年人要养成“健走”的好习惯。“健走”属于有氧运动，这种运动可以在一定限度内增加心跳的速率，并使身体四肢的协调性得到提升，四肢协调性提高了，就可以使小脑得到锻炼，从而使大脑的思考能力、认知能力及信息处理能力都获得一定程度的提高。科学家建议，老年人每天应进行 3 次“健走”，每次“健走”的时间应保持在 50 分钟左右。

第六节　时间管理法

亚历山大·亚历山德罗维奇·柳比歇夫是苏联著名的昆虫学家、哲学家、数学家。柳比歇夫一生写下了种类繁多的科学著作，这些著作不但涉及的范围很广（从生物分类学到昆虫学、遗传学、哲学、动物学，再到进化论、无神论、农业科学，等等），而且还取得了非常高的学术成就。

柳比歇夫毕业于圣彼得堡大学，他撰写过很多回忆录，不仅追忆了多位科学前驱，还发表了数量众多的科学论文。这些作品前前后后一共写满了12500张打字纸，单以作品的数量来讲，柳比歇夫就超越了很多专职写作的文学家。

毕业后，柳比歇夫在彼尔姆大学任教，他在教书的同时担任大学教研室的带班主任一职，在教书的同时也带领着研究所下辖的一个科室攻克一些实验难题。任教期间，柳比歇夫还经常到各地进行实地考察。几年的时间里，柳比歇夫几乎跑遍了俄罗斯境内属于欧洲的全部区域。他每到一个地方，都会在当地的农庄或集体公社停留一段时间，对当地常见的病虫害及农作物种植期间遇到的问题进行实地研究、防治。

即便是在“休息”时间，柳比歇夫也会继续工作，他利用这些时间研究地蚤的分类。1955年，柳比歇夫就已经搜集了共13000只地蚤的标本（这一标本量是苏联动物研究所收集总量的五倍），他将这些标本整合成册，制成了一套有35篇内容的地蚤标本图册。这本图册里还有300多种近5000只公地蚤的“器官切片”标本。

柳比歇夫是一名知识渊博的科学家，他所掌握的知识广度远远超出了人们的想象。在历史方面，柳比歇夫可以详细地列举出君主立宪时期英国任意一位国王执政时国家政策的内容；在宗教方面，他熟知《古兰经》、《圣经》、马丁·路德学说、毕达哥拉斯学派等思想著作。可以说“广博”一词对柳比歇夫而言是名副其实的。

相信很多人都愿意将柳比歇夫看作一个非常勤奋又有天赋的“工作狂人”，因为只有这样的人才能取得如上所述的成就。但事实上，柳比歇夫并非如此。柳比歇夫不仅喜欢看话剧、听知名音乐家演奏的乐曲，还热爱体育运动，喜欢四处旅游。柳比歇夫秉承“累了就要马上休息”的人生格言，他每天睡觉的时间至少有10个钟头，而用来工作、研究、学习的时间仅仅只有七八个小时，他还喜欢步行上班，完全没有“争分夺秒”的架势。没有人知道柳比歇夫是如何做到这一切的，即便是他的亲人也不清楚。

直到柳比歇夫去世，人们才从他的日记里找到了答案。原来，柳比歇夫早在26岁的时候就整理创造出了一整套严谨的时间管理方法，凭借着这种管理时间的方法，柳比歇夫不断地对自己所花费的时间进行统计、分析、总结，并据此改进自己的工作、学习方案以及计划未来的事务，从而使自己的时间利用率达到最高，大脑的使用效率、记忆能力提升到最大。

所谓时间管理法，就是通过制定合理有效的分配时间的系统方法来有计划、有条理、有效率地处理工作并享受人生。实验证明，这种管理时间的方法是提高记忆能力的有效办法。 现实生活中时间管理的方法有很多种，所能产生的效果也各不相同，在这里我们仅介绍两种最权威的时间管理方法——柳比歇夫法和四象限法。

柳比歇夫时间管理法要求思维主体做到以下四点：

1. 随时随地运用耗时记录卡、工作计时表等工具来记录时间耗费情况。在记录的时候，一定要保证所记录时间的真实性和准确性。即便是有误差，也要将误差时间限制在 15 分钟以内，否则记录内容就失去了应有的价值。

2. 每结束一段时间的记录之后，就要对该时间段内耗时事件进行分类统计，将该时间段处理不同事情的时间比例算出，并以图表的形式绘制出来。在对时间进行统计的阶段，切勿相信根据自身记忆估计而得出的时间长短，因为人的记忆对时间这种抽象事物的估计是非常不可靠的。

3. 统计并绘制成表之后，即可根据处理事情或工作的效果来分析时间的利用、耗费情况，尽快找到浪费时间的原因（比如，犯了过去常犯的错误，工作时间做了其他不该做的事情，或者做了应该由他人完成的事情，等等）。在这一阶段，思维主体所选择分析的时间区域一定要具有代表性，否则分析所得的结果就是无用的。

4. 根据上一阶段分析所得的结果来制订消除浪费时间因素的计划，并将计划付诸于下一阶段的时间利用。在这一阶段中，一定要在计划付诸行动之后及时进行调整、对比、记录，不但要找出新计划与原计划之间损耗时间的差额，还要根据实际情况制订出运用在下一阶段的时间安排计划。

这样坚持下去，就能一步步地让管理时间的方法变得完美，最终可以实现高效利用时间，大量阅读、快速记忆的目标。

四象限时间管理法是由著名管理学家科维提出的，该方法根据事情的重要和紧急程度将其划分为四个象限：既重要又紧急的事情、重要但不紧急的事情、紧急但不重要的事情、不重要也不紧急的事情。想要对四象限法有一个清晰明朗的了解，首先就应该理解这四个象限所代表的含义及区别。

1. 第一象限——既重要又紧急的事情。顾名思义，该象限内所包含的事情是既具备时间紧迫性，又具备重大影响，是思维主体无法避免也不可拖延、必须尽快解决掉的事情。

2. 第二象限——重要但不紧迫的事情。该象限内的事情并不具备第一象限内的事情所具备的时间紧迫性，但这一象限内的事情同时是具有重大影响力的。从某种程度上来讲，这种对个人或者组织的存在或发展有着重大、长远影响的事情，是需要思维主体花费大量时间和精力解决的。

3. 第三象限——紧急但不重要的事情。这种事情是生活中很常见的事情（比如，打麻将三缺一，不明就里又急迫的电话，附和他人，等等），由于它并不具备重要性，但又有紧急性，所以常常带有很强的欺骗性。这种欺骗性可以严重影响思维主体的认知能力，使思维主体做出错误的判断，将这些紧急但不重要的事情当成重要又紧急的事情去处理，结果只会白白浪费时间和精力。

4. 第四象限——既不重要也不紧急的事情。该象限内的事情与第一象限完全相反，属于日常生活中既常见又烦琐的事情（比如发呆、闲聊、闲逛等），所以将时间浪费在这些事情上，完全是对时间的挥霍，属于浪费生命，是不可取的。

由此可见，这四个象限中较易区分的是第一和第四象限，这两者是相互对立且壁垒分明的事物，第一象限是紧急、重要的事情，所以应该优先安排时间将其解决；而第四象限的事情，相信有志向的人是不会将时间浪费在这些事情上的。

第二和第三象限内的事情分别具有重要性和紧迫性，再加上第三象限内的事情有很强的欺骗性，所以在区分这两者的时候，应将判断标准放到是否重要上面。只要事情不具备重要性，那就应该将其归在第三象限，然后集中时间和精力优先处理第二象限内的事情。

在这四个象限中，第四象限是不可为的，所以思维主体不必在此浪费时间。第三象限内的事情是缺乏意义的，所以思维主体要尽量避免将时间耗费在这一象限上，要学会走出第三象限。第一象限的事情是紧急且重要的，所以思维主体要优先安排时间解决这一象限内的事情。第二象限内的事情是重要但不紧急的，所以思维主体不必优先处理该象限内的事情，但一定要花大量的时间来“投资”该象限，提前对该象限内的事情打好基础，做好准备，只要准备到位，可以很好地处理第二象限内的事情，那这一象限内的事情就会给思维主体带来最大、最丰厚的回报。合理地利用四象限时间管理法，就可以将时间的利用率最大化，在这种高效的时间管理模式下，思维主体的脑功能和记忆力也会以最佳状态发挥作用。

第七节 调节压力法

周紫陌快要发疯了！她从没想过自己会如此憎恨学习！讨厌学校！周紫陌一闭上眼睛，耳边隐隐约约地就传来了父母亲絮絮叨叨、没完没了、恳切沉重的“谆谆”教导；一睁开眼，看到的就是老师那“咬牙切齿”、恨铁不成钢，“哀其不幸，怒其不争”的面孔。真的要疯了！周紫陌开始变得焦虑不安，她的精神状态、记忆力也越来越差，头脑总是昏昏沉沉的，没几日，周紫陌就因病住进了医院。

整件事情的起因要从一个月前的年级摸底考试说起。每一年，学校都会安排一场摸底考试，然后根据考试成绩，将高三学生们分成“三六九等”，再将他们划分到不同的班级里。周紫陌一直都是班级里的尖子生，但她在这次摸底考试中失误了，阶段排名狂降，最后被分到了“次等”班。自从这个消息被她的父母知道以后，周紫陌的生活就完全变了模样。

原本慈祥和蔼的父母亲，突然变得严厉起来，他们开始干预周紫陌的私人空间，限制她独自外出的次数，盘查她交往的每一位朋友。即使周紫陌是在卧室内复习功课，他们也会时不时地展开突击检查，这让周紫陌倍感压力，常常整晚整晚的睡不着觉。

父亲越来越严肃的面孔和母亲反反复复的唠叨让周紫陌不愿意在家里多待，可即便是在学校，老师也开始戴着“有色眼镜”看她。对老师而言，周紫陌严重下滑的成绩，就意味着她的“问题”很严重。老师找到周紫陌做了好几通思想工作，可是她最近的表现反而更差。一旦开始上课，周紫陌要么是伏在课桌上睡觉，要么就神游物外，这种自暴自弃、毫无斗志的样子让老师非常生气。老师并不清楚周紫陌所背负的压力，他开始用“挑剔”的眼光关注周紫陌，紫陌被严厉地批评了几次，这让她更加苦恼，也使她走到了崩溃的边缘。

幸运的是，周紫陌的情况在医院得到了好转，她的命运也在此迎来了转变。医生告诫周紫陌的父母，让他们注意教育孩子的方式，不要一味地施加压力，过重的压力只会损伤孩子的大脑和记忆力。好在周紫陌的父母和老师也认识到了自己的错误，他们不但向紫陌道了歉，还主动帮助紫陌分担心理上的压力。

几周后，周紫陌康复得很顺利，医生还专门给她设计了一套排解压力的计划，凭借着这套计划，周紫陌从失败的深渊中站了起来，她以全新的心态面对挫折和质疑，一步一步地将学习成绩提了上来，再次成了班级里的尖子生。

美国斯坦福大学的罗伯特·萨普尔斯基教授和加州大学的詹姆斯·麦克高夫教授通过科学研究发现：如果思维主体长期遭受压力刺激因素的影响，就会使思维主体的身体分泌出一种叫作“皮质酮”的激素，这种激素不但会影响大脑对长期记忆的读取，还会使大脑内的海马记忆中枢出现萎缩现象。如果思维主体连续几天内遭到了高度压力激素“皮质酮”的影响，那就会使其大脑的学习能力和记忆区域内的脑细胞出现损伤。

在现实生活中，人们总会被不断变化的外界因素影响，在这种情况下，人们只好以“改变自身”来适应社会的发展变化，也恰恰是这一过程给人们带来压力和焦虑，压力和焦虑的反复出现会严重影响人的身心状态和记忆能力。虽然压力是我们生活中常见且不可避免的，但我们还是应该掌握应对压力、排解压力的正确方法。

想要学习应对压力的方法，首先要对“压力”有一个清晰的认识。压力可以分为“有利的压力”“不利的压力”“短期压力”和“长期压力”四种。其中“有利的压力”是指思维主体在面试、考试或者其他类似情况下所产生的压力，这种压力会使得思维主体的肾上腺素加速分泌，使思维主体表现得更加出色。所以，这种“有利的压力”就是一种人体“兴奋剂”，是不需要进行调节的。

“不利的压力”产生的过程中往往伴随极度焦虑或者烦躁的情绪。此时，思维主体就会表现出高度、过分的精神紧张以及肉体或者大脑上的疼痛症状。一旦思维主体出现这种情况，就应该尽快排解他所遭受的压力，情况严重的人应该及时到医院接受治疗。

“短期压力”是指“暂时性”的压力。这种压力往往在交通堵塞或者时间延误的情况下出现，一般不会造成很严重的后果。所以这种压力来得快去得也快，顺其自然就好。

“长期压力”通常是因为一些慢性疾病、长时间的失业等情况所致，这种压力持续的时间长，产生的痛苦较严重。思维主体所承受的压力还会随着时间的延长而逐渐加重，所以这种压力是必须进行调节、释放的。

研究发现，排解压力的第一种方法：向专业人士求助。比如，在不了解导致压力产生的原因时，就可以向心理医生咨询，在心理医生的帮助下弄清楚产生压力的根源。找到原因之后，就可以使用第二种方法：对压力进行分散处理。这种方法和公司分派工作任务一样，首先应该找到一些可以帮助你承担压力的人，然后将压力分散到这些人身上，达到减轻压力、共同承担的目的。

第三种方法：学会说“不”。如果思维主体在面对他人的请求的时候觉得自己力不从心或者与自己的安排有冲突，那就要坚定地拒绝另一方的请求，只有这样才不会给自己增添压力，也不会因为无法顺利满足他人的请求而生出新的烦恼。

第四种方法：找到一种属于自己的排解方式。例如，思维主体在工作之余或者闲暇的时候，尽情去做一些与工作无关，但一直想做的事情，以此来达到放松自我、释放压力、排解内心烦恼的目的。即便是工作安排很紧，也要想办法挤出一些时间来做自己想做的事情，这种只属于自己的事情才是排解压力的最佳办法。

第五种方法：保持积极乐观的心态。一般情况下，生活中常见的压力和紧张感，主要来自思维主体的心理作用。因此，思维主体可以主动改变自己的心态，注重整理自己的仪表和心情，用自己的最佳面貌来迎接生活。只要能够尽量使自己处在积极、乐观的状态中，很多问题和压力自然也就迎刃而解了。

第六种方法：来一场说走就走的旅行。对于很多上班族来讲，接触大自然的机会是非常少的，所以在感到身心压力特别沉重的时候，就可以来一场说走就走的旅行，让自己沉浸在山水田园的风光之中，不再考虑工作和生活的烦恼，由此而产生的压力很快就会烟消云散了。

第七种方法：与长者畅谈。当我们感到身心疲惫的时候，还可以主动找到自己的长辈谈话，只需要一次心与心的交流和鼓励，再大的压力都可以被化解。而且倾诉和交谈本身就是排解压力、发泄情绪的一种方式，更何况还可以在交谈的过程中得到长辈的人生经验与心得体会。

第八节 暗示记忆法

育才高中是一所民办高中，这所高中在当地并不算出名，虽然学校的收费水准不低，但学生的升学率却不高，所以育才高中在当地顶多只能算是一所“三流”学校。王宁安其实是不愿意到这所学校教书的，他可是正牌师范类本科学院的毕业生，按道理讲，就凭着这份资历，再不济也能去一所公立学校里教书。可是他偏偏一直没能通过全国统一的教师资格考试，这才不得不“委屈”自己，去了育才高中教书。

育才高中并不是一所好学校，学校的师资力量很薄弱，学校的管理、学生的素质水平也很差，这所学校就像电影《逃学威龙》里面的那所高中一样，全校上下一团糟，这让王宁安一点也不得安宁。王宁安带的是高二（二）班的英语课，他初来乍到，既不喜欢和其他教师厮混，又没有其他朋友，只好有事没事就去班级里坐上一会儿，过一把“管理”学生的瘾。时间久了，虽然王宁安没有担任班主任一职，可高二（二）班只有他这一位老师愿意管事，所以他也就成了高二（二）班实际上的“班主任”。

就这样，王宁安稀里糊涂地度过了教学的第一个学期，等到期末考试结束，王宁安才追悔莫及。原来，育才高中的年终奖与该教师所带班级学生的平均成绩在年级的排名挂钩，名次越低奖金越少，倒数三名的教师还要被倒扣工资，以此来作为警示、激励教师“上进”的手段。非常不幸的是，高二（二）班的英语平均成绩是全年级的最后一名，王宁安的薪水也被扣了一半。

学生的学习成绩关系到自己的钱包，王宁安再也不敢粗心大意，他开始搜肠刮肚地寻找能够提升学生英语成绩的办法。一个月后，王宁安信心满满地展开了他的“教学大业”。王宁安首先将高二（二）班的学生们分为A、B两组，在安排同样的课程和任务的情况下，让这两组学生互相竞争，胜出的一组将会得到由他亲自设计的奖品。

分组的时候，王宁安特意将英语成绩好的分到A组，成绩差的分到B组，而他则需要在一学期的时间里集中力量将B组的成绩提上去，这样整个班级的平均成绩就会得到大幅提升，这样他自然也就不会再受到处罚了。

为了能够提升B组的学习热情，每当B组的学生取得一点进步，王宁安都会大加赞赏，他不但口头上要表扬，还会冲着有进步的学生竖上一个大拇指。如果是整个B组取得了进步，不论进步的幅度是大是小，王宁安都会为B组加油鼓劲。王宁安的行为让整个B组的学生对学习英语这件事产生了极大的自信心，B组的英语成绩自然也就得到极大的提升。

就这样，只有一个学期的时间，B组的英语成绩就得到了突破性的提高，他们的平均成绩甚至超过了基础远远比他们强的A组，这让王宁安欣喜若狂。期末考试成绩出来之后，高二（二）班的英语学习成绩竟然一跃成了年级第一。在期末总结大会上，校长更是当着全校师生的面，表扬了王宁安，并给他颁发了奖金。王宁安的教育方式也成了育才高中的教育特色，转而被其他老师争相效仿。

其实，王宁安老师所使用的教学方法早在1966年就被人们采用，这种教学方法最初被称为启发式外语教学法，也叫暗示教学法。暗示教学法是指当思维主体在进行学习或记忆的时候，通过对大脑施加暗示的方法来建立无意识的心理倾向，以起到激发个人心理潜力，制造学习动机，提高记忆力、想象力、创造力的目的。该教学方法不仅适用于语言学科，而且在非语言学科方面，也有着非常显著的效果。

在使用暗示记忆法的时候，首先要遵守暗示记忆法的三大原则：

第一个原则：愉快而不紧张的原则。这一原则是指，思维主体在进行学习或者记忆的时候，不应伴有任何一种外部精神压力，整个学习过程应该是轻松、愉快又集中的。只有彻底消除生理、心理上的紧张、抵触情绪，才可以使大脑的思维处在最活跃的状态。

第二个原则：有意识与无意识相统一原则。在传统的学习及记忆模式中，人们通常情况下只会重视理性学习和逻辑记忆的力量，这种学习方式其实就是习惯性地发挥、使用了左脑的识记功能，并没有顾及无意识调节的作用。一旦思维主体在学习、记忆的过程中将有意识和无意识相统一、相协调，就能使大脑迸发出无穷的力量。

第三个原则：暗示互动原则。这种原则是在两人互动学习或者师生互动学习情况下应用的原则。该原则要求师生之间或者互动双方要相互信任、尊重，尽量能够让对方的理智和情感趋于一致，使互动双方在有意识和无意识之间将更多的知识信息记在脑海中。

暗示记忆法的第一种实用方法是体态暗示法。这种暗示法是指暗示者用自己的语言或其他非语言动作作为暗示，将自己的赞赏、鼓励、喜悦等情绪传递给被暗示者，使被暗示者在有意无意之间受到暗示者的感染、影响，从而形成积极、自信、乐观的心理状态。在这种心理状态的影响下，学习或记忆的效果自然也就可以获得大幅提升。

王宁安对B组学生使用的暗示方法就是体态暗示法。在课堂上，根据所教的内容，老师还可以恰当地运用一些“艺术性”的体态暗示手段，比如在学习英语对话的过程中，可以将对话内容的场景还原出来，就像演话剧一样让学生以对话内容中的不同身份进行互动交流，这样一来，学生很快就能将对话内容记熟。

暗示记忆法的第二种方法是活动暗示法。该暗示法的主要目的就是通过一些游戏活动，让所有人都参与到学习中。比如，在学习过程中插入击鼓传花回答问题的游戏，学习者就可以在进行游戏的过程中，获得展示自己、体验成功的乐趣。如此一来，学习者的自信心也会大大增强，而且活动体现出来的自发、随机等无意识特性与主动参与学习游戏时的有意识特性得到了协调统一，自然就可以创造出最佳的记忆和学习效果。

暗示记忆法的第三种方法是自我暗示法。事实上，每个人内心中都有一个“自我”，这个“自我”可以指引我们的思维方式和自我意向，而控制这个“自我”的方法就是自我暗示。自我暗示法是指思维主体使用一些名言警句、英雄形象来激励自己，也可以通过自我形象设计、总结经验教训、自我启迪、自我认识、自我欣赏的方法来暗示自己。

比如，想要提高记忆力的孩子可以在每晚入睡的时候不断地默念“我要变聪明”这句话，用这句话来暗示自己。这样一来，不但孩子的记忆力会得到提高，而且对孩子的自信心和智力也有着非常大的好处。

事实证明，每个人的内心深处都蕴藏着非常强大的潜能，自我暗示就是激发这种潜能的最好方法。在考试或者面试的时候，采用积极的自我暗示方法往往可以起到消除紧张，保持冷静、自信的作用。而一遍又一遍地进行自我暗示，就会将暗示的内容牢牢铭刻在潜意识中，使大脑的思维逻辑自然而然地形成一种积极、良性的条件反射，最大限度地提升大脑的记忆能力。

第四章

全方位提高记忆法

第一节 间隔记忆法

于凯的记性不太好，学过的东西很快就会被遗忘。可是，他最近得到了一个惊喜。一个周末，于凯和同学约好一起去动物园。当他赶到的时候，同学却不见踪影，原来对方有事情耽搁了。无奈的于凯只好坐在动物园门口的长椅上耐心等待，百无聊赖之际，他从口袋里摸出了一张纸，上面打印了一段语文老师要求背诵的古文。于是，于凯就利用等待的时间背诵起这篇古文来。等他背完了，同学还是没出现。于凯在附近转了一圈，还是没见到自己的玩伴。他只好再次坐下来，背诵那篇古文来打发时间。等同学终于出现的时候，他已经背了3遍。

在动物园痛快地玩了一天之后，于凯坐上了回家的公交车，又顺手拿起那篇古文来背诵。之后的几天，利用各种闲暇时间，他又复习了几遍。直到这个学期结束的时候，于凯对这篇古文仍然记忆犹新。这让他倍感意外，因为按照他的记忆力水平，经过了这么长的时间，背过的东西早就被忘得一干二净，不知道是为什么，这篇古文就像在他的脑子里生根了一样，他随时随地都可以一字不差地将其朗诵出来。

于凯之所以对背诵过的古文印象如此深刻，是因为他在无意中运用了建立在艾宾浩斯遗忘曲线基础上的间隔记忆法。

艾宾浩斯遗忘曲线是由德国心理学家艾宾浩斯于1885年提出的。艾宾浩斯通过研究发现，遗忘现象在记忆开始后就立即产生，遗忘过程从最初较快到逐渐变慢，可以用函数图表的形式来表现。经过大量的实验验证之后，艾宾浩斯成功地绘制出了艾宾浩斯遗忘曲线。

根据艾宾浩斯遗忘曲线， 人们发现记忆过程中会出现“间隔”，这个“间隔”就是大脑遗忘过程的关键性节点。所以从艾宾浩斯遗忘曲线中找出“间隔点”，在“间隔点”出现前进行复习，就能最大限度地减少遗忘，提高记忆能力，顺利地将所需识记的内容掌握，达到增强记忆的效果。

人们从艾宾浩斯遗忘曲线中总结出的“间隔点”共有 8 个，这 8 个“间隔点”又被称为 8 个周期。

第一个周期是指记忆行为开始后 5 分钟；第二个周期是 30 分钟；第三个周期是 12 小时；第四个周期是 1 天；第五个周期是 2 天；第六个周期是 4 天；第七个周期是 7 天；第八个周期是 15 天。

思维主体在进行记忆的时候，就可以以这 8 个周期的时间间隔为界限进行记忆。比如，思维主体需要记忆 50 个英文单词，就可以将单词分为 10 组，每组 5 个单词。每记忆一组单词花费的时间界定在 3 ~ 5 分钟，记完 10 组单词的时间约为 30 分钟，一定不要超出 40 分钟。

等到记完所有的单词之后，就可从第一组开始再次记忆，以一天为限，将所有单词记牢，然后每天都按照这个流程来进行记忆。在记忆的过程中，还要在第 2、4、7、15 天后重新复习所有被识记过的单词，这样才能使记忆的效果达到最佳，使识记的单词变得更加牢固。

间隔记忆法在识记其他知识的时候同样也有妙用。比如：思维主体需要识记一篇课文，那就应该分成 5 步进行记忆。

第一步要做的就是大声地将课文内容朗读一遍。然后进行第二步：合上书本，在心里默念或尽量将文中的内容回忆、背诵出来，实在想不起来时可以看书。第三步：打开书本，核对自己脑海中的记忆是否与书中内容一致。第四步，看完之后将书中内容抄写一遍，在抄写的时候，一定不要一个字一个字地抄，而是要一句一句地抄。抄完之后就可以进行第五步：合上书重新背诵一遍。这一步之后，整篇文章基本上就可以全部被记住了。

记住文章之后，还要在第2、4、7、15天的时候进行复习，这样就能加强记忆的效果，使那些已经被识记的知识变得更加牢固。在进行识记的过程中，可以尽量将所需识记的内容划分成组、段的形式。每组、每段识记的时间界定在5分钟之内，每5分钟为一“小间隔”，每30分钟为一“大间隔”，尽量在间隔内进行记忆，这样一来就能很好地避开大脑的遗忘机制，大大增强大脑的记忆能力，取得事半功倍的效果。

第二节　循环记忆法

王仕仁以优异的学习成绩考入了市重点一中，并被分到重点班级内学习，这让他感到非常满意。进入中学后，学业内容由小学的三门主科急剧提升到了九门，每天所需完成的课业翻了三倍，这几乎成了一种学习的“负担”。种类繁多的科目和日益深奥的知识也让很多学生难以适应，学习成绩自然也就出现了非常大的波动。

王仕仁就完全没有适应课业上的“大幅度”变化。本来学习成绩极为优异的他一下子就成了重点班里的“吊车尾”，这让他非常沮丧。如果他的学习成绩一直维持这种现状，等到这次期末考试之后，王仕仁很可能就会被重新划分到非重点班级内学习，这是他不能接受的。

为了能够尽快提升自己的学习成绩，王仕仁开始发奋读书，他经常挑灯夜战，拼尽全力学习，但这番努力所取得的成效十分有限，反而使王仕仁的身体变得虚弱起来。无法改变现状的王仕仁在没有其他办法的情况下，决定去图书馆里寻找能够解决当前问题、提高记忆能力的方法，并希望以此来缓解自己所面对的学习压力。

王仕仁先后在图书馆里借阅了几本关于提高记忆力方面的书籍，他在书中找到了许多可以提高记忆力、帮助识记的方法。在经过仔细挑选之后，王仕仁认为循环记忆法是可以解决当前问题的最佳方法。这种方法不仅操作简便，合乎大脑识记的规律，还与学校课程相适宜，能够很好地结合在一起，使整个学习过程变得轻松、高效。

王仕仁是一个非常果决的人，既然选定了学习方法，就迅速地将其应用到实际学习之中。此后，王仕仁每天都按照循环记忆法的识记要领来记忆学习资料，这种学习方法让他的记忆能力大大增强，英语、文言文和一些生僻拗口的文章都被他很好地记了下来。随着这种方法的熟练应用，王仕仁的各科成绩都获得了非常明显的提升，班级名次也从原来的“吊车尾”稳步赶了上来。

等到期末考试到来之前，王仕仁不仅可以轻松应对九门课程的学习任务，而且还拥有了大把的时间来发展业余爱好，他先后参加了书画培训班和乐器班，并取得了很好的成绩。期末考试后，王仕仁再次取得了阶段前三名的优异成绩，而这正是他努力学习、合理记忆换来的成果。

所谓循环记忆法，就是根据人脑的识记规律、特点，循环反复进行识记的方法。这种方法用所需记忆的信息对大脑进行反复刺激，以达到牢记于心的目的。事实上，现阶段应用于课堂上的识记方法就是简化版的循环记忆法。

比如，在课堂上学习英语的时候，一般都会使用“1. 听读；2. 朗读；3. 默背”的方法来进行记忆，这种方法就是将记忆资料在大脑中进行一次循环，在一定程度上起到了刺激大脑的作用。但因为不同人的记忆能力不同，很多人是无法凭借一次循环就达到识记目的的，所以在识记重点内容的时候就应该使用课堂循环记忆法的加强版——两两记忆法。

所谓两两记忆法，就是先将所需识记的信息分成若干组，然后两组作为一个循环，两两循环，迅速、连续性地对大脑进行刺激，达成识记目的。比如，在识记英语单词的时候，我们先根据自身的记忆能力，将所需识记的内容分成若干小组，每小组由 4 ～ 6 个单词组成。在分组的过程中，可以根据单词的难易程度进行合理分配，如果单词较长、较难，就可每组少分一些；如果单词较短、较易，就可多分一些。

识记时，先从第一组开始，记完之后，立即对第一组进行复习，在识记的过程中一定要集中注意力，否则识记的效率会变得非常低下。记完第一组后，即可识记第二组，然后复习第二组。在识记的过程中，不必非得一次性就将词义、字母组合记住，只需熟悉，用心记忆即可。记完一、二两组之后，就将这两组的内容合起来进行复习，以完成第一个两两循环。

第一个两两循环完成之后，就可按照上面的步骤来识记第三、四组，然后识记第五、六组，再识记第七、八组，以此类推，两两循环、快速识记。在进行这一阶段的识记过程中，每一个单词的记忆时间应该界定在 2 ～ 5 秒，整个循环的时间应该界定在 1 个小时之内。完成一个阶段的识记后，应在白天的时候抽时间复习一次，然后在晚上睡觉前再复习一次，等到第二天早晨再复习一次，三天或一周后再复习一次，将循环记忆法与间隔记忆法结合起来，记忆的效果就会变得非常牢固。

在识记长篇文章或者文学名著片段的时候，同样可以使用循环记忆法。比如，在识记的时候可以将全文分成若干段，在第一天的时候将第一段内容读 10 遍，第二天再把第二段内容读 10 遍，第一段的内容复习 5 遍。

等到第三天的时候将第三段读 10 遍，第一段、第二段的内容复习 5 遍。第四天将第四段内容读 10 遍，第二段、第三段内容复习 5 遍，第一段内容复习 2 遍（第一段复习结束）。第五天读第五段内容 10 遍，第三段、第四段内容复习 5 遍，第二段内容复习 2 遍（第二段复习结束）。以此类推，每段内容复习四天、两个循环即可。

因为在使用循环记忆法来记忆单词时往往要花费大量的时间，所以在使用该方法的时候，还要特别注意时间的选择。比如，可以选择在作业量不大或者课业比较轻松的时候进行识记，也可以利用节假日、星期天等时间充裕的日子记忆，或者在早晨起床后以及晚上入睡前的时间进行记忆。

在条件允许的情况下，还可以将识记资料进行分类，把容易记忆的内容分到同一识记小组内，不容易记的分到另一小组内，这样就可以集中精力来对难以识记的内容进行循环记忆，而容易记忆的内容则可以减少循环的次数，以此来提升整个循环识记过程的效率。

在进行循环识记的时候，还可以与他人搭伙进行。比如，在识记英语的时候，一人用汉语发问，一人用英语回复，另一人作为裁判并在某人答不出来的时候进行提示，这样就可以很好地避免一个人在单独识记、复习的时候总想偷看答案的情况，也使得识记过程变得更加有趣味，识记效果自然也会得到提升。

第三节　联想记忆法

古人云："三十而立，四十而不惑。"但金虎臣不仅没有任何不惑的感觉，反而对自己的学习成果感到非常不满。金虎臣是振华中学的政教处主任，他担任这个职位很久了，这份工作算不上繁重，所以他有充足的时间去做他想做的事情。金虎臣酷爱读史，不过他的文言文功底不是很好，以至于看史书的时候大都会选读一些已经翻译好的作品，这种读法让他感到很不舒畅，所以他下定决心要认真做一番学问，将自己的古文"底子"补上来。

所谓"知易行难"，虽然金虎臣坚定了"恶补"古文"底子"的想法，但他在实际操作中却屡遭挫折。文言文艰涩拗口，史料背景又真真假假、诡秘莫测，想要弄清整个历史兴衰的脉络，实在不是一件简单的事情。最关键的是，阅读史料只是最基础的第一环，如何将史料内容牢固地"印"在脑海中，在需要考证、分辨、比较各种史书所载内容真伪的时候，可以轻松将脑袋中储存的史实"拿出"来，才是解读、求证历史的关键。

如何快速、牢固地识记史料是金虎臣面临的新难题。为了能够尽快解决这个难题，金虎臣决定向他的好友王泽仁求助。王泽仁也在振华中学任教，而且他还是一名资深历史教师，所以金虎臣相信能在他那儿找到解决问题的办法。在听了金虎臣的请求之后，王泽仁很快就从他的教学经验中找到了解决问题的方法，他建议金虎臣用联想识记的方法来记忆史料。

金虎臣也曾听说过有一种叫"联想记忆法"的识记方法，但他并不清楚这种记忆法的具体内容，于是王泽仁又建议他去查阅这方面的资料。为了能够尽快掌握这种方法，金虎臣接受了王泽仁的建议，他专门查阅了有关联想记忆法的资料，希望能够利用这些资料全面、详尽地掌握这种方法。

功夫不负有心人，一个月后，金虎臣终于掌握了联想记忆法的具体使用方法，他马上将这种方法应用到“读史”上面，识记史料的过程果然变得顺利起来，这让他非常满意。时光流逝，金虎臣发现那些已经被他记在脑中的史料仍然是非常牢固、清晰的，记忆内容可以在他需要的时候及时地被回想起来，让他在研究史料的过程中事半功倍。后来，金虎臣还凭借着雄厚的历史功底，成了一所大学里的客座教授。

美国著名的记忆专家哈利·罗雷因说过这样一句话：“记忆的基本法则就是将新事物联想于已知事物。” 联想记忆法就是利用识记对象与客观事实之间的联系，事物与事物之间的联系，未知和已知之间的联系，资料内部与外部、部分与整体之间的联系来进行识记的方法。

科学研究发现，在事物与事物有相似性的情况下，人总会由一个事物对另一个事物产生联想。如果思维主体在识记未知事物或者新知识的时候，将新事物与自身熟悉的事物联系起来，并由此在大脑中留下深刻的印象，就可以最大限度地提高记忆的效果。

第一种联想记忆法：接近联想法。这种联想法要求所需识记的资料在时间上或者空间上有接近之处。如此一来，只要两种或两种以上的事物在时间或空间上同时或接近，那在识记的过程中，思维主体想起其中一种事物，就很可能会引出对另一种事物的记忆。如此，凭借着记忆资料之间的联系，大脑展开联想，自然就可以非常轻松地将所需识记的资料牢牢记住，使记忆的效果成倍提高。

例：在识记战国时期的历史内容时，从同一时间、空间上进行联想，就可以想到战国时期由“三家分晋”开始，到秦统一中国结束。在这一时期，中国分裂成秦、楚、燕、赵、韩、魏、齐等七个诸侯国。这些知识彼此间都有时间或者空间上的联系，所以大脑可以很容易地将其整理并记住。在识记地理知识的时候，可以从同一空间上进行联系，比如，想到亚马孙平原的时候就会想到亚马孙河，并由此想到亚马孙热带雨林是世界上最大的热带雨林，有“地球之肺”的美称等。

第二种联想记忆法：对比联想法。这种联想记忆法是借用所需识记事物之间相互对立的特点来进行联想。这种联想记忆法的目的是突出、比较事物之间的差异性。大脑往往“偏好”有特性的事物，对这一类型的事物“情有独钟”，记忆的效果自然就会非常好。比如，我国的诗词、对联都是以相互对仗的形式写出来的，这样不仅会让诗词变得有韵律，还会让大脑“抓住”诗词中的特性，达到快速识记的目的。

例：律诗的中间两联是相互对仗的，在记忆这两联的时候就明显比记忆其他诗句容易，并且记忆的效果也非常好。比如：“金沙水拍云崖暖，大渡桥横铁索寒”“大漠孤烟直，长河落日圆”等诗句很多人都记得，但全诗的首尾联就很少有人能够全部记下来。

在学习天气系统中的气旋与反气旋方面的知识时，由于气旋和反气旋的气压分布状况、气流状况、旋转方向、天气状况等都是相反的，所以思维主体只需在气旋和反气旋两种知识中选择一个进行记忆，就可以取得全部记住的效果。

第三种联想记忆法：聚散联想法。这种方法是借用聚散思维，从多方面对知识进行联想，从而可以将一定数量的知识整合为一个整体或可以由一个知识分散出多个方面。这样不仅可以建立知识与知识之间的联系，还可以达到举一反三、触类旁通、提高记忆力的目的。“聚”和“散”是这种方法的两个方面，这是一个互逆过程。

例：在识记地理知识的时候，有关北回归线的知识就可以使用“聚散联想法”来进行记忆。首先可以由北回归线想到：1. 太阳在北半球能够直射到的距离赤道最远的位置。2. 纬度约在北纬 23 度 26 分 21.448 秒。3. 地平面与地球赤道面的夹角也就是黄赤交角。4. 又称夏至线，每年夏至，该纬度都会受到太阳光的垂直照射。5. 是热带和北温带的分界线。反之，也可以通过上述五点内容逆推出有关北回归线的知识点，这样“聚、散”一体、互逆互推，就可以达到提高记忆力的目的。

第四节 感官协同记忆法

作为一名高三升学班的化学老师，孟源芳知道自己的肩上担负着多么重的责任。在高三理科班的所有课程中，化学虽然不是主科，但它作为一门必考科目，该科成绩的高低对学生的高考总成绩同样有着非常大的影响。孟源芳一共带了三个理科班的化学课，这三个理科班里面，就数高三（八）班的化学成绩最差，如何提高这个班级的化学成绩，也成了孟源芳最上心的事情。

为了能够将高三（八）班的化学成绩提上来，孟源芳占用了大量课余时间来给高三（八）班的学生们补习功课，但她的苦心不仅没能将学生们的化学成绩提上来，反而让整个高三（八）班的学生对学习化学这件事产生了逆反情绪，有些学生甚至还当面指责孟源芳占用他们的课余时间。学生们的这种做法让孟源芳感到非常失望，她不得已停下了对高三（八）班的补习行动。没有了孟源芳的约束、帮助，高三（八）班的化学成绩一落千丈，一下子成了全年级化学成绩最差的班级。

高三（八）班的阶段排名让孟源芳意识到了事情的严重性，她必须尽快找到一种既能够提升学生化学成绩又不使他们反感的学习方法。在一次化学实验中，孟源芳偶然发现，高三（八）班的这些学生对化学实验非常感兴趣，学生们还会把每次实验后的实验报告填写得非常完整，这让她下意识地想到了一种改变高三（八）班化学成绩的方法。

此后，孟源芳花费了大量心力，在高三（八）班的每一堂化学课中都安插了部分实验性的内容，尽量用实验互动的方式来给学生们上课。如果条件允许的话，孟源芳就会用完整的实验步骤来讲解课本上的知识，让每一名学生都能够亲自操作实验。孟源芳的方法果然有效，高三（八）班学习化学的热情一下子就被调动了起来，学生们对这种能够亲手操作的实验非常感兴趣，他们甚至主动要求孟源芳给他们“加课”。

一个月后，高三（八）班的化学成绩果然获得了大幅提升，这让孟源芳更加坚信了她所使用的教学方法的正确性。不久，孟源芳又将这种方法应用到其他两个班级，同样取得了不错的成效。等到期末考试的时候，孟源芳所带的三个班级的化学成绩占据了理科班化学成绩的阶段前三，这让她名声大振，很多教师都主动前来“取经”，希望能够从她这儿学到经验。

对于分享自己的成功经验，孟源芳毫不吝啬。她专门组织了一次公开课，将自己使用的教学方法原原本本地讲了出来，还请求其他教师斧正。在这次讲课中，孟源芳和其他教师集思广益，弄出了一套“多种感官协同识记策略”，而且还成功将这种识记策略应用到各个学科之中，初步达到了提高教学质量的目的。孟源芳还因此被调入该校的学习调研部，专门研究提高学生学习效率的方法。

感官协同记忆法是以人的感官协调进行记忆的方法，这是一种非常高效的记忆方法。这种方法利用人体的感官协同效应，在识记、学习的过程中调动、使用尽可能多的感官，充分发挥人脑的视觉、听觉、运动等神经中枢的积极性、协同性，以此来使记忆的效果获得提升。

科学研究显示，在识记的过程中，思维主体所使用的感官越多，获得记忆对象的信息就会越丰富，识记、学习的效果也就会越牢固、扎实。单感官识记后，记忆的保持率是非常低的，如果在识记的过程中仅用口念，记忆的效率只能达到 10%；如果只靠耳听，记忆的效率只能达到 20%；如果只凭借眼看，记忆的效率只能达到 30%；如果在识记的过程中能够做到眼、耳结合，那记忆效率就可以达到 50%；如果在识记的时候可以边听、边看、边读、边写，记忆的效率就可以达到 90% 以上。

宋代大学者朱熹就曾在《训学斋规》内言明："心不在此，则眼不看仔细，心眼既不专一，却只漫浪诵读，决不能记，记亦不能久也。三到之中，心到最急，心既到矣，眼口岂不到乎？"后人将这种识记方法总结为"三到"读书法，这种方法要求思维主体在读书的时候一定要做到"心到、眼到、口到"（"三到"之中，"心到"最为重要），充分发挥感官协同的作用，达到提升记忆力的目的。

其实在现阶段的教学中，学校所使用的教学方法同样是感官协同记忆法，只不过课堂上能够调动起的感官只局限在"眼看"和"耳听"上面，如果老师能够将课堂知识转换成生动的图像画面以及可以感染情绪的语言，就可以很好地将两者结合起来，同样可以使课堂识记的效果获得大幅度的提升。

现如今，很多学生和家长都认为不断地做题、解题的"题海战术"是应对考试、获得好成绩的最佳方法。有些人甚至认为只有尽量多做题，不断解题、接触新题型，才能胸有成竹地应付考试。事实上，这种学习方法已经违背学习知识的初衷，学习的关键在于理解和掌握知识，只要在学习的过程中可以做到真正掌握课堂内容，就自然能够达成学习目的。

想要在课堂学习中真正掌握课堂内容，就必须在课堂上做足五个方面的工作，也就是感官协同记忆法中的"五到记忆法"，即"眼到、口到、心到、手到、耳到"。"眼到"就是指思维主体在课堂上不仅要认真看教材内容、参考资料和老师在黑板上书写的内容，还要将老师的面部表情、手部动作及其他同学的反应观察到。

“口到”则要求思维主体应有意识地复述老师所讲的重点内容，在条件允许或情况合适的时候将重点概念、定理及老师指定背诵的段落大声、勇敢地读出来，并在课堂上尽量多提问或主动回答老师提出的问题。

“心到”则要求思维主体主动思考、消化课堂上所讲的知识，对老师提出的问题有独到的见解，尽量按照自己的思路来完成习题和课堂作业。在时间和条件允许的情况下，还要尽可能多地用其他思路来解题，如果发现错误，就要思考自己错在哪里。

“手到”则要求思维主体在课堂上按要求画出老师所讲的重点内容，圈出自己疑惑或不太明白的知识点，还可以在空白的地方批注上自己的学习感想。在闲暇的时候，还要挑选一些有学习价值的书籍、名著来抄写，尽量养成抄书的习惯，这样才能源源不断地积累知识，加强对书中内容的理解，加深印象。

“耳到”则要求思维主体在课堂上主动、专注地听讲，不仅要将老师讲授的内容一字不落地听到，还要听取其他同学提出的问题和见解，积极参与讨论，认真听取老师的解答。在学习语言课程，尤其是学习外国语言的时候，一定要养成“耳听”的习惯，只有听多了，才能听得懂、讲得出，才能使枯燥的外语知识变得有趣，降低学习外语的难度，提升外语学习的效率。

在眼、耳、口、手、心等多种感官和多个身体器官、部位的共同参与、协同下，大脑神经中枢学习、识记的“积极性”就会被全方位激活，不但能使大脑处理信息的能力大大增强，还会使学习效率、记忆效果得到大幅提升。当然，如果能在学习的过程中加入嗅觉、触摸、品尝等感觉方式，那学习、记忆的效果就会变得更好。

第五节　超级音乐记忆法

作为一名语言爱好者，戴之潘有着非常强的时间观念，他的时间安排很紧凑，而且他还把几乎全部的闲暇时间都花在了学习、研究各国语言文学上面。对戴之潘来讲，研究各国语言就是工作之余最佳的休息方式，但这种方式对他的家人来讲则显得很不公平。

戴之潘的这种生活方式让他几乎没有时间去郊游、度假，也没有时间陪伴妻儿，时间久了，家庭关系自然就被他弄得一团糟。前些日子，他还因为痴迷于外语学习这件事和妻子大吵了一架，这让戴之潘既纠结又苦恼。

为了缓和家庭矛盾，让争吵、离婚等事情从自己的生活中消失，戴之潘不得不主动放弃学习外语的机会，尽量将闲暇时间拿出来陪伴家人。如果时间允许的话，他还是会偷偷摸摸地学上一会儿，尽量不让家人发现，临时性地“过把瘾”。

戴之潘热衷外语也有些年头了，这些年里他自然结交了不少志同道合的朋友。自打他减少和这些朋友聚会的次数之后，戴之潘的头上就被扣上了“惧内”的帽子。此后，只要戴之潘有时间去参加聚会，这些朋友就会拿这件事来取笑他，搞得戴之潘十分恼火。

一天，戴之潘瞅准了一个机会，偷偷摸摸地打开了一本新买的法文书。这本书讲的是在 16 世纪末至 17 世纪初盛行于法国的巴洛克音乐流派的事情，书的末尾还附赠了一张 CD，里面是巴洛克流派代表人物巴赫、维瓦尔第、亨德尔等人的代表作品。戴之潘一边将 CD 放进播放器内，一边开始看书。

不知不觉中，戴之潘就将这本 500 多页的纯法语书读完了，他看了看表，发现自己竟然只花了四个小时，这让他非常惊讶。半个月后，戴之潘惊诧地发现自己竟然还可以很清晰地回想起在那本法文书上看到的内容。什么时候自己的记忆力变得这么好了？这让戴之潘既兴奋又疑惑。一番努力之后，戴之潘终于找到了使他记忆力提升的原因——那张 CD。

原来，这张 CD 里面刻录的都是一些节拍在 50 ~ 70 的巴洛克慢板、高频音乐，这种音乐的节拍和人体正常情况下的心跳、呼吸频率非常相似，所以在听这种音乐的时候，人体的心跳、呼吸频率就会和音乐节拍相趋同，可以最大限度地消除人脑中的负面情感，使人体进入冥想状态。

在弄明白事情的原因之后，戴之潘就将这张 CD 珍藏了起来，每当他要学习外语的时候，都会先把 CD 插进播放器里，边听乐曲边学习。在这张 CD 的帮助下，戴之潘只需要花费很少的时间就能够学习大量外语，这让他非常满意。自从学习效率提高之后，戴之潘就再也不用挤时间偷偷摸摸地学外语了，他还有了充足的时间来陪伴家人。时间久了，戴之潘不但满足了自己的需求，还缓和了家庭里的矛盾，再次成了名副其实的“一家之主”。

超级音乐记忆法就是在思维主体学习、识记的过程中，以播放音乐的形式来帮助其增强记忆的方法。这种方法是由保加利亚著名心理学家拉扎诺夫博士提出的，他以心理学和医学研究成果为依据，在研究了大量巴洛克音乐后发现：有部分节拍在每分钟 60 拍上下的巴洛克音乐可以诱发、增强人脑中的 α 波，促进大脑分泌出脑内吗啡、乙酰胆碱等有益的化学物质，使大脑进入“超脑”状态，最大限度地提高学习效率、记忆效率、理解分析能力及大脑的创造性思维能力。

科学研究发现，脑内 α 波是指频率在 8 ~ 12 赫兹的脑波，这种脑波只会在思维主体情绪稳定、愉悦、舒适的情况下产生。该段脑波的吸收性强，在大脑整理信息及进行记忆的过程中有着非常强大的积极作用。如果在思维主体进行识记的过程中，将其大脑的脑波调整到 α 波状态，就可以让他的注意力、记忆力处在最佳状态，达到最优化学习的目的。

超级音乐记忆法的具体步骤是：在一个相对安静的环境中，首先挑选一台品质好、音效佳的音响（以防止出现失音的情况），然后播放一首节拍在 50 ~ 70 拍的巴洛克音乐，让这首音乐成为整个学习过程中的背景音乐，音乐的分贝尽量控制在 30 ~ 40，只需要思维主体能够隐约听到即可。

其次，让思维主体全身心地投入到音乐中，用心去感知音乐并逐渐适应音乐的节奏，让自己有一种被音乐包围的感觉，还要在这一过程中尽量保持放松。等到思维主体进入状态之后即可开始学习、记忆。在学习的过程中可以跟随音乐的节拍来有节奏地进行记忆，等到学习结束之后，再播放几分钟频率轻快的音乐来缓和学习带来的压力，使思维主体的大脑从记忆活动中恢复过来。

科学实验证明，凭借这种学习方法，学生每天可以学会 1200 个外语单词，平均识记率达到 96.1%，学习速度提高 2 ~ 10 倍。在坚持使用超级音乐记忆法的情况下，思维主体甚至可以在 4 个月内完成一般学生 2 年才能够学完的课程，最大限度地激发大脑灵感，提升记忆能力。

在条件不允许的情况下，思维主体还可以使用编歌曲或填歌词的形式来进行记忆。在我国，这种识记方法应用得较为广泛。比如，有些教师就编出了《拼音字母歌》《英文字母歌》《化学元素周期歌》《历史朝代歌》等歌曲来帮助学生进行记忆。所以，在识记的过程中，思维主体也可以自主编辑或填写一些易读、易记的歌曲来帮助记忆。

除了编歌曲、填歌词，思维主体还可以在学习或识记的过程中播放一些自己喜欢的歌曲来充当背景音乐。在播放这些音乐的时候一定要注意播放的音量不要太大，挑选的歌曲应是轻快且有助于学习的，千万不要挑选一些沉闷、忧伤或劲爆的音乐，这样做是不会起到帮助学习、提高记忆的作用的。

第六节 纵横交错记忆法

作为一个非常聪明且善于思考的孩子，岳乐是很幸运的，强烈的好奇心让他从小就显得与众不同。上学前，岳乐是家人捧在手心的一颗明珠，父母亲人对他百般爱护；上学之后，他就凭借着聪明的头脑迅速成了班级里最受欢迎的人物，老师、同学对他都很亲切友善。在这种幸福的环境中，岳乐愉快地成长着。时光如梭，一眨眼，岳乐已经开始读初中了，在这里他接触到了更加深奥、有趣的科学知识，这让他十分开心。

近日，岳乐在数学课本上看到了一个非常有意思的概念——平面直角坐标系。在仔细查看了该概念的定义之后，岳乐发现只要是出现在坐标系上的点，那它在纵轴和横轴上就一定有意义。弄懂了这个概念之后，岳乐马上就联想到了他在记忆学习资料时所使用的方法。岳乐在进行记忆的时候，会优先识记那些容易被记住的内容，然后再将不易被记住的内容整理出来。

在识记这些不易被大脑记忆的内容时，岳乐首先会仔细地寻找这些资料之间的内在联系，然后将这些资料整理排列成纵横两列，纵列和横列都分别具备意义，然后他会优先对纵列的内容进行识记，等到记完纵列后再对横列的内容进行识记，以此来达到快速记忆的目的。

岳乐的这种识记方法只不过是他对自身记忆模式的总结，但他一直弄不清楚自己为什么只要按照这种方法进行识记，就可以大大提高记忆的效率。“平面直角坐标系”的概念给岳乐带来了一些灵感，但这些灵感还远远不够。为了能够弄清楚自己心中的疑问，岳乐开始有意识地接触有关记忆法方面的知识。

在一次偶然的情况下，岳乐从一本书中找到了一种和他使用的识记方法完全相同的记忆法——纵横记忆法。这本书里详细地解释了纵横记忆法是可以极大地提高学习、识记效率的记忆方法，而且还证明了这种记忆法可以将原本平铺直叙的死记硬背式记忆改变成“纵横交错”的立体式记忆。

自从详细地了解了纵横记忆法的原理及内容后，岳乐就开始大量采用这种方法来进行识记。这种识记方法果然没有让他失望，它不但让岳乐的记忆效率和学习效率得到了非常大的提升，还在岳乐识记一些历史资料或语言知识的时候给他带来了非常大的帮助。凭借着这种记忆方法，岳乐取得了令人瞩目的学习成果。

科学研究发现，事物与事物之间都隐藏着内在联系，这些内在联系可以用纵横交错的立体状态展现出来。在识记的过程中，只要思维主体能够找到识记对象之间纵横交错的内在联系，就可以使大脑对识记对象产生深刻的印象，并加深对这些内容的理解。对大脑而言，在识记复杂资料或信息的时候，纵横交错记忆法就可以起到纲举目张的作用，而这些经过纵横交错记忆法整理出来的识记资料也更加容易被大脑的记忆网络所吸收。

在识记语言、单词的时候，就可以利用纵横交错记忆法。在使用这种方法的时候，思维主体首先要准备一些大小相同的纸板，并在这些纸板上分别写上需要识记的语言或单词，然后查找这些语言或单词之间的内在联系。

等到弄清楚隐藏在这些记忆对象之间的联系后，思维主体就要将这些写有记忆对象的纸板按照彼此间的联系，纵向排列成一个有意义的句子，然后再从纵列中选出一个记忆对象作为横列的基点，并横向排列成另一个有意义的句子。

纵横排列完毕之后，识记对象间就会形成一个纵横交错的立体知识网。一旦这张立体的知识网被编织出来，大脑就会优先对其进行记忆，将整个知识网迅速地融入脑海中的记忆网络内，记忆的速度自然就会得到成倍提高，识记的目的也可以轻松达到。

例：假设思维主体需要识记全球史料，那么他就应该先将本国的历史资料进行整理，把这些史实按照朝代更替的先后顺序纵向排列出来，然后将这些纵向排列的历史事件的时间或时段标明，再通过这些时间和时段来寻找世界上其他国家在同一时段内发生的历史事件，然后将这些其他国家发生的历史事件横向排列出来，让这些横向史料和纵向史料相互对应，以此来形成全面、系统的立体型知识网络，达成快速记忆的目的。

当然，如果横向排列的事物相似性太高，容易出现混淆现象的话，那就应该将横向变为纵向，用纵向取代横向，以便于大脑识记。比如：欧洲很多国王都会沿用一个称谓，在识记这些国王的生平和政治贡献的时候就不要将他们的名字作为横向坐标，而是要借用纵向排列来进行记忆，这样可以很好地把握各个国王之间的区别，又能将相关事项区分明白，最终顺利达成识记目的。

第五章
快速提高记忆法

第一节 绘图记忆法

李艾丽的父母亲都是画师，所以她从牙牙学语的时候开始，就与画画结下了不解之缘。等到了该上学的年纪，李艾丽的父亲李正国却做了一个惊人的决定——他不允许李艾丽和其他小朋友一样去幼儿园上学。至于李艾丽的启蒙问题，李正国则表示将由他亲自负责。起初，李正国的决定遭到了一家人的一致反对，但李正国还是力排众议，坚决执行了他的决定。

就这样，李艾丽在李正国的安排下开始了独属于自己的启蒙历程。李正国专门为李艾丽设计了一套特殊的启蒙教科书，这套教科书不仅有着非常全面、丰富的启蒙知识，而且还是由他亲手制作的。这套教科书的特殊之处还不止于此，整套教科书内少有文字，几乎全部由通俗易懂的简笔画和一些象形字组成。乍一看，这套书仿佛一套系列漫画，一下子就得到了李艾丽的认可。

时光如梭，李正国开始给女儿制作一套又一套新的“漫画书”，这些新“漫画书”里的文字内容慢慢增多，并着重突出了如何将文字转换成图画的过程。李艾丽一直都在李正国绘制的新的“漫画书”里愉快成长，而且这些“漫画书”里所承载的内容早就远远超出了幼儿启蒙的范围，李艾丽在不知不觉中拥有了雄厚的知识储备，但这还不是整个启蒙计划的最终结果。对李正国来讲，他最希望的是李艾丽可以通过这次特殊的启蒙教育，从中学会、掌握快速识记知识的方法——绘图记忆法。

等到李艾丽六岁的时候，李正国就主动结束了他所主导的启蒙教育，他将李艾丽送进了学校学习。一开始，学校里的老师还担心这个没有接受过“幼儿教育”的小女孩难以跟上学习进程，但他们马上就惊讶地发现，李艾丽是整个班级里学习速度最快、学习效果最佳的优秀学生。李艾丽也发现教科书上所讲的内容都是她曾经学过的知识，而这些知识点，在她的脑海里都有一幅对应的简笔图画。

李艾丽将发现的问题讲给了李正国听，李正国便开始主动引导她如何用自己的思维来绘制与知识对应的简笔画。几年之后，李艾丽以全校第一名的优异成绩考上了市一中，并在市一中举办的首次摸底考试中取得了“阶段第一名”的最佳成绩。李艾丽取得的学习成果让李正国非常开心，他为有这样优秀的女儿感到骄傲。

绘图记忆法就是思维主体将需要识记的文字或资料绘制成通俗易懂的简笔画来帮助记忆的一种方法。其实，这种记忆法在教科书上也多有应用，比如一些常见的生态循环图、大气循环图、金字塔形图、上下从属关系图等。再比如，中学历史课程里的三省六部机构的从属结构图就是典型的绘图记忆法的应用。只不过这种常规性的图表是缺少特性的，再加上这些图表不是由学习者自行绘制的，所以识记的效果不是特别明显。

在使用绘图记忆法的时候，首先要记住三个要素：第一，绘制的图像必须精简易懂；第二，绘制的图像必须夸张形象；第三，绘制的图像必须生动有趣。在满足这三个要素之后，思维主体就可以将所需识记的资料转换成具体的简笔画，然后按照识记资料的顺序，将这些简笔画整理、排列成一连串容易被大脑记住的画面。

比如要求思维主体在最短的时间内记住：成就、付出、学习、宽容、平常、乐观、自律、感恩这八种人生心态。思维主体就可以先绘制一个九宫格，中心格子里放一个指针，指针指向放着第一种人生心态“成就”的格子，然后按顺时针的顺序将其他几种人生心态依次放在其他格子内，最后将这些人生心态转换成生动、形象的简笔画，这样就可以达成快速识记的目的了。

在识记古代诗词的时候，使用绘图记忆法是一个非常好的选择。古人所写的诗词中，大都是有感而发、触景生情所得，所以诗词中往往含有大量描写景物、人物的词句，所谓“诗中有画，画中有诗”，也就是这个道理了。可以说，这些词句中所描述的景物、事物就是最佳的简笔画素材，只要我们在背诵诗词的时候在脑海里将这些出现在诗句中的景物、事物一一排列演化出来，就可以轻松地回忆起整首诗歌的内容，做到“出口成诗”了。

例如，唐代诗人杜甫所写的《绝句》中就先后描写了“黄鹂、翠柳、白鹭、青天、西岭、千秋雪、万里船”七种景物，在背诵这首绝句的时候，思维主体就可以将这些景物像放电影一样在脑海中过一遍，自然而然就可以达到轻松识记诗词的目的了。

再比如，在识记、背诵《夜宿山寺》这首诗的时候，思维主体可以从第一句：“危楼高百尺，手可摘星辰。”摘出“高”和“手”两个字，从第二句：“不敢高声语，恐惊天上人。”中摘出“高”和“人”两个字，然后分别绘制出一个“高手”和一个“高人”的简笔画，马上就可以将整首诗记下来。

绘图记忆法在识记白话文的时候同样有妙用。比如在识记一些枯燥乏味的政治材料时，就可以用该方法进行转化。比如在记忆如何建立良好人际关系的五大原则（1. 平等待人原则；2. 诚实守信原则；3. 宽容谦逊原则；4. 尊重理解原则；5. 互助互利原则）时，可以这样做：

在记忆的时候，首先将“平等”画成一个简笔天平图；在天平左侧的秤盘上画上一个信封，用信封代表诚实守信原则；在右侧的秤盘上画上一个简笔“宽”字，以此来代表宽容谦逊原则；在天平左侧的秤杆上画上两个小人相互弯腰鞠躬的简笔画，以此代表尊重理解的原则；在天平右侧的秤杆上画上两个小人相互帮扶的简笔画，以此代表互助互利原则。如此，“如何建立良好人际关系的五大原则”的简笔图就画好了。

通过上面的例子，相信大家一定都能够清楚地了解绘画记忆法的魅力，如果思维主体在识记的过程中可以通过自己的想象自行绘制与学习资料相对应的简笔图画，那么识记的效果就要比看他人绘制的简笔画好很多。此外，在作画的时候，一定要紧紧围绕“简”字来绘制，自己能够理解自己所画的简笔画即可。这样就能在最短的时间内记忆大量资料，达到快速识记的目的。

第二节　比较、比喻记忆法

比较、比喻记忆法中的“比较”和“比喻”都是借用修辞手法中的“比较”“比喻”手法来对记忆材料进行分类、整理的，但它们又是两种不同的记忆方法。其中“比较法”是在识记同性质或类似事件的时候使用的，“比较法”的目的是通过比较这种方法来找到事物与事物之间的异同，以此来形成反差、鉴别，帮助大脑记忆，达成记忆目的。

例：公元前 594 年，雅典通过梭伦的改革扩大了奴隶制度的统治基础。就在这一年，春秋时期鲁国实行了“初税亩”制度，这标志着我国奴隶社会土地国有制度开始瓦解。

在使用比较记忆法的时候，可以将新知识与旧知识做比较，也可以拿事实和理论做比较。比如可以将日本的“明治维新”和中国的“戊戌变法”做比较；也可以将英国的资产阶级革命与法国的资产阶级革命做比较；还可以通过比较《南京条约》《马关条约》《辛丑条约》来了解中国半殖民化的进程。

“比喻”记忆法的目的是将抽象的记忆材料转换成具体、形象的事物，以此来迎合右脑的识记模式，达到提高记忆效率的目的。科学研究表明，比喻和记忆密切相关，新颖有趣的比喻可以轻易地融入人脑固有的知识结构中。这就像一篇好的文章，文章内会有很多生动形象的比喻，这样就可以使文章的内容变得新鲜有趣，以此给读者留下深刻印象。

“比喻”记忆法的第一种应用是将“未知”转变为“已知”。在现实生活中，有很多事物和自然现象都是人们难以想象的，所以常常会增加人们识记和理解的难度。如果在学习这些知识的时候，可以通过比喻的手法将这些自然现象灵活地表达出来，让人们将未知的事物与已知的知识联系起来，自然就可以做到轻松理解、掌握了。

例：在《地震与地震考古》一书中，作者孟繁兴就曾将鸡蛋的蛋壳比作地球的地壳，鸡蛋的蛋白比作地球的地幔，鸡蛋的蛋黄比作地球的地核。这样一番比喻下来，地球内部的构造自然就一目了然、清清楚楚地呈现在人们的眼前，识记、理解也就变得容易起来。

“比喻”记忆法的第二种应用方法就是将“平淡”变为“生动”。这种方法主要是将平铺直叙、平淡无味的白话、“流水”一样的文章变成有色彩的、生动形象的“事物”，就像在人们的眼前展开了一幅生动的图画，以此来提高记忆效果。

例：比如大诗人白居易在《琵琶行》里面这样描写琵琶的声音：“大弦嘈嘈如急雨，小弦切切如私语，嘈嘈切切错杂弹，大珠小珠落玉盘。”这样一番比喻、描写，使得读者仿佛是在亲身倾听，识记的效果自然也就很好了。再比如朱自清先生在《春》里面也用了很多拟人化的描写手法。像“春天的脚步近了”，“太阳的脸红了起来”，“小草偷偷地从土里钻了出来，嫩嫩的，绿绿的”，等等。

第三节　记忆宫殿法

在遥远的古希腊，曾流传着这样一个故事。故事的主人公叫西蒙尼德斯，他是古希腊的一位著名抒情诗人。有一次，西蒙尼德斯独自游历到古希腊的塞萨利，他被这儿美丽的风景深深地吸引住了，于是便决定在塞萨利定居。定居塞萨利之后，西蒙尼德斯经常四处游览，他一边创作诗歌一边帮助那些需要帮助的穷苦人。很快，西蒙尼德斯就获得了当地人的认可，人们都喜欢听他吟咏诗歌，并且以听到他的诗歌为荣。

有一次，一位叫斯歌帕斯的塞萨利贵族准备举办一次大型生日宴会，在这次宴会中，斯歌帕斯邀请了很多身份尊贵的客人，其中就有西蒙尼德斯。作为宴会的主人，斯歌帕斯要求西蒙尼德斯在宴会中为他吟咏两首诗歌，用来给这次宴会助兴。西蒙尼德斯同意在宴会中吟咏诗歌，只不过由他所咏的这两首诗歌里并没有太多夸赞斯歌帕斯的内容，反而对卡斯托尔和波吕丢刻斯这对双子座天神大加赞美。

西蒙尼德斯的行为让斯歌帕斯十分不满，他决定将准备给西蒙尼德斯的奖金扣除一半，而且还略带嘲讽地对西蒙尼德斯说："既然你如此夸耀那一对孪生兄弟，那剩下的一半奖金就应该去找他们讨要。"斯歌帕斯的话音刚落，一位仆人走进了宴会大厅，仆人来到西蒙尼德斯身边，悄声告诉他大厅外有两名年轻人要见他。

西蒙尼德斯随即就起身离开了宴会大厅，但等他来到大厅外的时候，那两名年轻人已经消失不见了。就在西蒙尼德斯一头雾水的时候，从他身后突然传来了一声巨响，他急忙回头查看，发现整个宴会厅的屋顶一下子垮塌了下来，宴会厅里面的客人甚至连惨叫都没来得及发出，就被活生生地埋在了地下。所有参加宴会的人，只有西蒙尼德斯一人幸免于难。

救援行动马上就展开了，但遇难者的尸体都遭到了非常大的破坏，没有人能够通过这些血肉模糊的尸体辨认出他们到底是谁，就算是死者的亲属也做不到。这时候，西蒙尼德斯站了出来，他带领遇难者的亲属从废墟中穿过，帮他们分辨遇难者的真实身份。原来，西蒙尼德斯在宴会开始后就已经将整个宴会厅里的情况记了下来，他清楚地知道这些人生前待在哪里，正是根据这些遇难者参加宴会时所站的位置，西蒙尼德斯才顺利将遇难者的身份确定下来。

等到一切尘埃落定，西蒙尼德斯的事迹就在各地迅速流传开来，他的这种记忆能力和识记方法成了世人眼中的奇迹。很多人都找到西蒙尼德斯，想要从他这里学到增强记忆的方法。西蒙尼德斯大方地将识记方法公之于众，使得该方法迅速在古欧洲社会流传开来，成了古欧洲人在识记过程中的首要选择。

在这个故事中，大诗人西蒙尼德斯所使用的识记方法就是记忆宫殿法，也有“西蒙尼德斯记忆术”和“位置定桩法”的称谓。明朝时期，意大利传教士利玛窦还用这种方法来识记汉字、典籍，研究我国文学经义。记忆宫殿法流行于印刷术尚未出现之前，是古欧洲人最重要的记忆方法之一。世界级记忆大师多明尼克·奥布莱恩就是凭借这种记忆方法成功记住了 54 张桌子上的 2808 张扑克牌的顺序，并由此一举成名。

科学研究发现，人们善于记住自己熟悉的场所。记忆宫殿法就是利用这一现象，将所需识记的资料放在被思维主体所熟悉的场所内，将两者相互绑定。

这样一来，这种被思维主体熟悉的场所也就成了储存或调取信息的仓库，只要思维主体找到这个仓库，就可以轻易地得到被存放在里面的记忆材料。

事实上，“记忆宫殿”就是暗喻那些被思维主体熟知的场所，这些场所都是思维主体最熟悉且易于回想起来的地方，它可能是你的办公室，也可能是你的书房或者是你上班时所走的路线。使用记忆宫殿法一定要遵循五个步骤，第一步是选择思维主体所熟知的“记忆宫殿”。在进行选择的时候，我们一定要确认自身是可以轻易地回想起所选场所的，并应该拥有在该场所中“漫步”的能力。

思维主体对所选择的“记忆宫殿”越熟悉，能够回想起来的细节越鲜明，记忆的效果就越好。思维主体可以选择一条具有鲜明特点的路线来充当“记忆宫殿”。这条路线可以是你按着特定步骤在家中浏览的路线，也可以是你熟悉的一条道路。比如：在公园慢跑或前往公司、学校等的路线，只要你足够熟悉这条路线即可。

选好“记忆宫殿”之后，思维主体就可以进行第二步，这一步主要是在选好的“记忆宫殿”中找出具有明显特征的事物。比如，思维主体选择的“记忆宫殿”是自己的家，那大门就可以作为第一个引起注意的标志物。

进门之后，即可按照事先选好的路线在“记忆宫殿”内按步骤“漫步”，并在“漫步”的同时选择下一个标志物，比如打开的第一个房间，或按照从左至右的顺序依次浏览，选择浏览过程中看到的物品作为标志物。思维主体要将这些标志物按照发现顺序一一记录在脑海中，它们即将成为一个又一个“记忆空间”，即用来储存记忆资料的仓库。

选好标志物之后，思维主体就要进行第三步，反复地识记“记忆宫殿”内的每一个标志物，务必要将“记忆宫殿”内的所有标志物牢牢记在脑中。只要思维主体的空间想象能力较强，就很容易做到这一点。

如果思维主体在空间想象方面有所欠缺，那就可以通过将标志物的名字写在纸上，在脑海中仔细观察这些被你选中的标志物，从多个角度来发掘这些标志物的特征，反复地对这些标志物进行记忆，直到这些标志物的排列顺序及特征被思维主体牢牢记在脑中为止。

在将“记忆宫殿”内的标志物全部记熟之后，思维主体成了这个宫殿的名副其实的主人，即可进行第四步。这一步其实就是借助大脑的联想，在脑海中选择一种已知的图像或事物（大脑熟记的特殊物），与思维主体需要识记的对象联结起来。

比如，思维主体所选择的第一个标志物是神殿，而他需要识记的第一个信息是《骆驼祥子》，那他就可以这样进行联结：思维主体在宙斯神殿内看到了许多骆驼，而这些骆驼的主人叫祥子。

在进行联结想象的时候，思维主体可以大胆地、疯狂地、超出常理地进行想象，这样想象的目的就是使标志物与记忆对象联结的结果可以给大脑留下深刻的印象，达到增强记忆力的目的。现在，按照思维主体事先设定的路线，将第二个标志物与下一个需要识记的信息联结起来，按照这个顺序，一步一步进行，直到将所有需要识记的信息全部联结完成。

等到将所有的信息联结完成之后，思维主体就可以进行最后一步，反复地将已经联结好的信息在脑海中进行演练。在演练的过程中，思维主体可以从相同的起点遵循同样的路线开始复习，当思维主体每看到一个标志物就能马上想起与之相联结的记忆对象之后，就可以停止演练。

重复演练结束后，思维主体还可以从第一个标志物开始，按事先设定的路线顺序进行复习。等到复习完成之后，思维主体还可以尝试从行程的末尾反向出发进行逆推演练，直到走到行程的起点为止。这样一来，识记的信息就会变得非常牢固。

第四节 定桩法

在瀚海公园的公众休闲区，一群大爷大妈正围着一个粉嘟嘟的小女孩说话，人群中还不时地传出一阵大笑，可见这个小女孩是多么讨人喜欢。这个小女孩的名字叫柳璃，等她过了4岁生日，就要去幼儿园上学了。起初她是百般不情愿，不管父母怎么劝说，她都不想去那个陌生的地方，不想开始属于人生另一阶段的生活。可是，等到她去过一次幼儿园之后，柳璃就逐渐喜欢上了上学这件事情。

现如今，柳璃每天都会按时起床上学，上学也成了她喜欢做的事情。柳璃热衷于将她在学校里学到的知识，看到的或参与的趣事儿记下来，等到放学回家之后将她记下来的这些东西讲给父母听。对年幼的柳璃来讲，这个过程是非常有成就感的，这段时光也是她一天中最快乐的时刻。

这一天，柳璃蹦蹦跳跳地从校车上跑了下来，她要赶紧将自己在学校里学到的新知识告诉妈妈，要不再等一会儿，这些知识很可能就被她忘掉，那样的话就糟糕了。对柳璃的母亲李幽清来讲，她最近又多了一份任务——听女儿“讲课”。事实上，李幽清是很乐意听女儿给她“讲课”的，尽管她对女儿讲述的知识并不感兴趣。

凡事都有例外，李幽清最终还是被柳璃口中的知识勾起了兴趣。就像这一次，柳璃告诉妈妈，她从老师那里学到了一套“身体器官定桩记忆法”，这套记忆方法可以让她快速记忆12个英文单词。

柳璃的话让李幽清感到十分震惊，要知道女儿在学英语这方面似乎一直有着很大的困难，自己也曾花了很大心思教她学习英文，但都没有取得好的效果。现在女儿竟然能够通过特殊的记忆方法一下子记住12个英文单词，这让她迫切地想要得知整件事情的始末。

从女儿口中，李幽清意识到正是“身体器官定桩记忆法”发挥了作用，这个方法是女儿成功识记英文单词的根本原因。李幽清马上开始查找与该记忆方法有关的资料，她希望自己也可以掌握这种记忆方法，以便于在今后的日子里可以自行教育，使女儿有机会在学习道路上解决她必须面对的难题。

根据女儿口中所讲到的记忆方法，李幽清果然查到了一套系统的记忆法门，而“身体器官定桩记忆法”只能算是这套法门中的一个小分支，只有在识记数量较少的知识时，才会被思维主体采用。通过日常实践，李幽清最终确定了该识记法门的效用，她相信通过这种识记方法是完全可以大幅度提高女儿的记忆能力的。

后来，柳璃慢慢学会了这种识记方法，她可以自主地将这种识记方法应用到所有需要她记忆的事物上，也正是凭借着这种记忆方法，柳璃在无形中大大降低了学习过程中所产生的压力，使她可以轻装前行，前往更遥远的知识彼岸。

定桩法是将一些具备秩序的事物引申出来，定义为记忆中可供使用的“钩子”，在进行记忆的时候只要主动将需要识记的内容与“钩子”建立连接，那么在使用该记忆资料的时候，只需找到与该资料连接的“钩子”，即可立即回忆起记忆内容。

这种识记方法就像在电脑中分门别类地建立的功用不同的文件夹一样，

在进行记忆的时候，这些“记忆文件夹”可以快速储存与之对应的记忆资料，在需要使用某项记忆资料的时候，思维主体只需找到与之对应的“记忆文件夹”（也就是“钩子”），即可完成记忆提取。

定桩记忆法的种类非常多，但不论如何，思维主体所选择的“钩子”都必须满足两个条件：

第一，“钩子”一定是思维主体所熟悉的、牢记于心的内容；第二，“钩子”一定要具备秩序，可以对其进行清晰的排序。

只要满足了这两个条件，定桩记忆法就可以得到非常广泛、灵活的应用，且取得的记忆效果不输任何一种记忆方法。

第一种常见的定桩法就是“身体桩”法，这种记忆方法是借用人体上不同的部位作为记忆中的“钩子”，将需要识记的资料与不同的身体部位相对应、相结合，从而达到帮助识记的目的。一般情况下，这种识记方法会从人体部位中选择 10 ~ 12 个部位作为“钩子”，思维主体可以根据自己对身体不同部位的熟悉程度来进行选择。

比如说思维主体要通过“身体桩”法来识记 12 星座。思维主体选择“头发、眼睛、鼻子、耳朵、嘴巴、脖颈、手臂、手指、大腿、小腿、脚掌、脚趾”这 12 个身体部位作为记忆中的“钩子”，那思维主体就应该先将这些身体部位按顺序制成一个桩子表，每一个身体器官就是一个桩子（钩子）。

在记忆的时候将第一个桩子与第一个星座勾住，比如：

1. 头发——白羊座，并且需要在勾住两者的时候展开联想。比如：可以假想自己的头发上拴着一只巨大的白羊或有一头白色的山羊坐在头发上。

2. 眼睛——金牛座，在连接这两者的时候，可以想象自己的眼中住着一头巨大的金牛或者想象一头金色的牛在你的眼前跳舞。

3. 鼻子——双子座，在联结两者的时候可以想象自己的两个鼻孔分别被两个双胞胎霸占，他们经常通过穿鼻孔的方式打闹。

4. 耳朵——巨蟹座，在联结这两者的时候，可以想象自己的耳朵被一只巨大的螃蟹用蟹钳夹住了，而且夹得很痛。按照这种方法，以事先设定好的桩子表的顺序将需要识记的 12 星座一一勾住，即可完成记忆任务。

第二种常见的定桩法是“字母桩”法。这种定桩法是将常见的 26 个英文字母按照字母排列的顺序制成桩子表格。在使用这种桩子的时候，首先要将字母转换成与之有关联的具体事物。比如字母“a”，就可以转换成“apple”（苹果）这一英文单词，将“b”转换成“boy”（男孩）这一英文单词，将“c”转换成“cat”（猫）这一英文单词……

在对这 26 个英文字母进行转换的过程中，思维主体也可以充分发挥自己的想象力，只要转换结果能够做到牢固、清晰，就可以作为记忆中的“钩子”。

假设思维主体要通过“字母桩”法来识记世界高峰排名，就可以先将字母按顺序与世界高峰连接在一起。例：a——第一高峰，珠穆朗玛峰；b——第二高峰，乔戈里峰；c——第三高峰，干城章嘉峰；d——第四高峰，洛子峰；e——第五高峰，马卡鲁峰；f——第六高峰，卓奥友峰；g——第七高峰，道拉吉利峰；h——第八高峰，马纳斯鲁峰；i——第九高峰，南迦帕尔巴特峰；j——第十高峰，安娜普尔纳峰……

连接完成之后，就要将“a”的转换物“apple”（苹果）与第一高峰珠穆朗玛峰相连接。比如说在珠穆朗玛峰可以连接天际的峰顶上，有一个巨大的、红彤彤的苹果，这个苹果的味道非常棒。

然后将“b”的转换物“boy”（男孩）与第二高峰乔戈里峰连接在一起。比如说有一个叫乔戈里峰的男孩，养了一只蜜蜂做自己的宠物，那只蜜蜂和狗一样大。

将“c”的转换物 “cat”（猫）则与第三高峰干城章嘉峰连接在一起。比如说在干城里有一只和老虎一样大的野猫，人们都叫它“章嘉峰”。按照这样的方法依次将“字母桩”与需要识记的资料联结，即可完成记忆任务。

运用“定桩法”时你还可以选择熟悉的人物、语句、物品作为“桩子”。比如熟悉汽车结构的人可以将汽车的各个部件：方向盘、车钥匙、刹车、车灯开关、车门、车座等部件作为桩子，军事爱好者则可以将不同的枪械部件作为桩子，文化爱好者也可以用不同的书籍名称或文化古迹作为桩子。只要思维主体可以在进行记忆的时候按上面的步骤与记忆信息相关联，就可以达到提高记忆力的目的。

第五节　趣味记忆法

张阑珊一进客厅，就看到了枯坐在沙发上的孙默然，她叹了口气，带着安慰的语气轻声说道："老头子，别太操心了，先休息会儿，我买了你爱吃的菜。"说完，张阑珊便自顾自地走进了厨房，她知道孙默然现在最需要的就是独处。

已经三天了，张阑珊一边弄饭菜一边想，再这样下去老头子的身体一定扛不住，必须要马上找到解决问题的办法了。可一想到那件"闹心事儿"，张阑珊也感到十分头痛，有些事情是人改变不了的，有时候她会想，这大概就是"命"吧。

吃饭的时候，孙默然依然没有打算动筷子，他两眼无神地盯着眼前的饭碗，用低沉嘶哑的声音问道："是没办法了，为什么会这样，这么不公平吗？"看着孙默然的样子，张阑珊的眼泪一下子就掉了下来，但她还是赶紧出声安慰道："老头子，一定会有办法的，你振作点！你要是有什么好歹，让我可怎么办啊！"

"这份工作不能丢！这是我们俩最后的希望，我一定会拿到英语评级证的。"孙默然突然"咬牙切齿"地说道。眼瞅着孙默然已经想通了，张阑珊赶紧劝他多吃些饭菜，只有这样才能有力气去办事情。午饭后，孙默然就独自出门了，他走街串巷，四处寻找可以教人学习英语的训练班。

穿过三五条街巷，眼前密密麻麻的英语训练班让他挑花了眼，孙默然不知道到底该怎么选择，他从没想过自己竟然会萌生“主动”学习那曾经让自己“深恶痛绝”的英语的念头！可形势比人强，现在厂子里要求基层领导必须通过厂内主持的四级英语资质评定考试，否则他就要面临被辞退的危险。

尽管孙默然只是一个基层的小领导，手下也只有10个员工，可这个要求就像一条“高压线”一般横亘在他的人生路上。孙默然没有孩子，这么多年来他一直和老伴相依为命，想着等到退休了，可以拿到定额的退休金，等自己和老伴都不能动的时候，还可以用这笔钱住进养老院，这样下半生也就算是有着落了，所以他一定不能被辞退！

孙默然选了几家看起来很“敞亮”的培训机构，咨询了英语学习方面的问题，但对方给出的答复并不能让他感到非常满意。其实最关键的是孙默然自己心里没底，他不禁感到有些气馁，但他还是挑了一家价格适中的培训机构进行培训，这是他必须要解决的问题。

可能是孙默然给的价钱不低，也可能是他这么大年纪还“坚持”学英语的决心打动了培训机构，培训机构里的金牌讲师决定亲自教他学英语。在仔细了解了孙默然的英语状况之后，讲师先后试了几种方法，学习的效果都不是很理想。等到仔细观察了孙默然的学习过程之后，讲师发现他严重缺乏学习英语的兴趣，很显然，孙默然是在被逼无奈的情况下才“勉强”开始学习的。

找到了问题的症结之后，讲师就有针对性地对孙默然使用了趣味记忆法。通过这种方法，孙默然的学习兴趣果然得到了大幅提高，英语学习的进度也迅速加快，仅仅一个月的时间，孙默然的单词储备量就突破了4000。凭借着这样的基础，孙默然顺利拿下了厂内的英语水平测试，还因为测试成绩优秀被破格提拔成了27号车间的负责人。凭借着自身的努力和他人的帮助，孙默然最终改变了自己的命运。

歌德说过这样一句话："哪里没有兴趣，哪里就没有记忆。"巴甫洛夫也说过："当你在工作和研究的时候，必须具备热烈的感情。"由此可见，兴趣对于记忆来讲是非常重要的一个因素。

科学研究发现，当一个人在进行记忆时，如果他对记忆内容产生了浓厚的兴趣，那么他的大脑皮层就会进入活跃、高效、兴奋的状态，记忆的过程也就会从被动接受转变为主动吸收，记忆过程中所产生的压力还会被因兴趣而产生的趣味性所抵消，记忆的效率自然就会获得大幅提升。

有这样一个实验：年幼的孩子可以在上学的时候将道路两旁的店铺名称全部记下来，但几乎没有任何成年人可以在上班途中将他们看到的店铺名称全部记下来。导致这种结果的原因是：孩子年幼，很容易对一些有趣、未知的事情感兴趣。店铺的名字、外观刚好符合这两点要求，所以孩子们可以将店名清楚地记下来，而成年人不会用感兴趣的眼光去看待这些事物，因此他们在记忆这方面的内容时，记忆的效率就会变得非常低下。

科学家建议，在识记任何资料的时候，首先应将思维主体的兴趣、情绪调动起来，让思维主体在开心或感兴趣的情况下进行记忆，那么记忆的效果就会成倍提高，甚至很多艰深、晦涩的记忆资料都会变得简单、容易起来。

想要在记忆的过程中发挥兴趣的作用，首先要使思维主体对正在记忆的内容产生较为稳定的兴趣，而且还应该在记忆的过程中保持这种兴趣，并主动挖掘隐藏在记忆资料内部的新兴趣。通常情况下，深入了解、学习某种知识的时候，都会使思维主体对其产生浓厚的兴趣，对需要进行记忆的资料越是了解，就越容易激发思维主体对该资料的兴趣。因此，保持兴趣的第一要素就是要有"深钻"的决心。

在满足第一要素的情况下，思维主体就可以利用一些方法、策略或者手段，来使被识记的资料“变得”有趣，这也是提高兴趣的关键性要素。通常情况下，可以在识记的过程中掺入一些幽默风趣的词句来增强学习的趣味性，也可以通过组织知识答辩、专题讲座、知识竞赛的形式来增强学习过程中的趣味性。本书将在这里介绍一种可以有效增强英语单词学习趣味的办法。

例：在识记英文单词role的时候，首先可以找到一个和这个单词相近的单词——roll，然后再结合这两个单词的词义，将两者融入一部电影中来帮助记忆。比如：《我的野蛮女友》，她这一个role，就是在地板上roll。这样这两个单词与一个野蛮女友在地板上来回翻滚、撒泼耍赖的形象就融合在一起，使得整个形象变得更加生动、有趣，自然也就可以达到增强识记效果的目的。

再比如在识记英文单词ace、place、space和face的时候，可以将这几个都带有ace的单词融入神话故事《大闹天宫》中来帮助识记。比如：孙悟空大闹天宫确实很ace，如来很生气将他place压到山底下，孙悟空再也没有了活动的space，只能无奈地露出一张猴脸face。这样一来，英文单词就随着活灵活现的孙悟空变得生动有趣起来，识记的效率自然也会迅猛提升。

还可以利用热播电视剧来增加学习英文单词时的趣味。比如可以将fellow、follow、pillow和yellow放在《神雕侠侣》中进行记忆。比如：黄老邪的名字里有个黄字，这个fellow就follow性子买了个pillow，而且也要是yellow的。在编造故事的时候，只要思维主体觉得编造的结果非常有趣，那么编造的目的就达到了。

通过有趣的识记方法来使思维主体产生学习兴趣之后，即可对艰深、晦涩的知识点进行突破。只要思维主体利用上述方法，攻破这些知识点中的某一处，就可带动思维主体产生全面的、盎然的兴趣。

最后思维主体需要克服的是对其“厌烦”的事物产生兴趣。事实上，很多人之所以厌烦某个事物，是因为他紧紧盯住了这个事物上的某一个点，而这个点就是他所厌烦的。所以想要对本来厌烦的事物产生兴趣，就应该全面地、大范围地去了解这个事物。比如有些同学厌烦英语学习，就可以主动找到英文老师，同他谈话，从他那里了解自己没有发现的英文学习中的有趣之处，从而激发出自身对该事物的学习及记忆兴趣。

在使用趣味记忆法的最初阶段，思维主体应该通过有意识地控制学习资料的难易程度来使自己保持对学习的兴趣。需要记忆的资料太难了，就会使思维主体产生气馁心理，这种心理还会让大脑进入抑制状态，最终导致记忆失败。

如果记忆资料过于容易，那么又会因此产生过度的满足感，使大脑在识记过程中就进入松弛状态，注意力自然也就不能集中，学习效果就会变得很差。所以在识记的过程中，激发学习兴趣应该结合思维主体现有的知识水平，在已有的知识水平下，有目的地规划合适的学习进度，才能真正利用好“趣味性”的力量。

在现实生活中，思维主体还应该根据自我习惯制定一套适合自己的诱导、激发兴趣的办法。例如，马克思一旦在学习的时候无法集中注意力，不能在学习过程中产生学习兴趣，那他就会马上进行微积分运算，用精密的演算过程使自己进入“感兴趣”的状态。事实上，生活中有很多种可以诱发学习兴趣的事情，比如练毛笔字、下棋、泡茶等。只要这些方法可以诱发思维主体产生兴趣，那就可以加以利用。

在课堂教学中，很多有经验的教师都会在讲课之前先行发问，用与课程有关的问题来诱导学生们产生学习的兴趣。比如：物理老师在讲到斜面原理的时候，就可以提出：卡车装卸货物时，为什么要采用搁板下滑的办法？建在山上的公路为什么要盘旋曲折向上？为什么有些大桥旁边需要修建引桥？等等。

学生们很快就会被这些疑问勾起兴趣，等到知识点讲明以后，学生们自然也就茅塞顿开，整个学习过程在兴趣的参与下也就变得非常高效且有质量了。所以家长在对孩子进行启蒙教育的时候，同样可以采用这种发问式诱导兴趣的方法，但一定要在随后的学习过程中向接受启蒙的孩子阐明问题的答案，否则就不能达到帮助学习、强化记忆的目的。

第六节 变换顺序记忆法

在芦城一中，人人都知道郑至善和吴之道是一对形影不离的好朋友，但很少有人知道他们认识、结交的经历。郑至善和吴之道这两人本来是没有过多交集的陌生校友，但他们却在一次“疯狂英语”背诵模仿秀的准备阶段中结识了。当时“疯狂英语”非常出名，很多人都认为这种大声、疯狂、旁若无人的背诵方法是提高英语水平的唯一选择。

芦城一中就在这样的大环境下筹备了这次“疯狂英语”模仿秀大赛。在当时，芦城还只是一个位置偏远的小城市，很多学子都不认同这种张狂的学习方法，所以这次由校方举办的“疯狂英语”模仿秀，在当地引起了一番热议，参加此次模仿秀的选手自然也成了人们眼中的“活宝”。

初一（三）班的郑至善和初一（六）班的吴之道都报名参加了此次模仿秀，这二人都可以称得上是“疯狂英语”的忠实粉丝。为了能够在这次模仿秀上秀出“疯狂英语”的激昂风采，郑至善和吴之道经常借用课余时间跑去学校操场旁边的小树林里反复练习英语口语。

在这个不大的林子里，疯狂大声背诵英语的只有他们两个，因此二人很快就得知了另一方的身份。最初，二人只能算是点头之交。人都有一点小心思，谁都希望自己才是赛场上的主角，毕竟同台是对手嘛。

没过多久，林子里的“疯狂背诵”就出现了状况，郑至善和吴之道相互指责另一方影响到了自己的背诵，严词厉色地要求另一方退出林子，另寻他处进行背诵，但二人都不愿听从对方的指挥，不仅没有离开小树林，反而故意拉近彼此之间的距离大声背诵，试图通过这样的方法来将另一方赶出树林。

只可惜，二人都是倔强脾气，谁也不肯先低头认输，自然也没有人主动退出小树林。到后来，郑至善和吴之道都逐渐适应了另一方的“骚扰”，他们每天准时准点地开启脸对脸“狂吼”模式，这种情况甚至到了另一方不到场己方不开腔的程度。也正因为这样，两人还成了校园内的新“景观”，每天都有大量的“闲人”前来围观。

有一次，吴之道生病请假，连续几天，都是郑至善一个人在树林内大声背诵，但他却发现这几天背诵的效果远不及被吴之道干扰的时候，这让他十分困惑。等到吴之道病好之后，背诵的效果立马就得到了提升，郑至善在察觉到异常之后便主动将这个问题讲了出来。吴之道将信将疑地做了几次试验，果然也发现了这个问题。

最后，两人通过总结，发现郑至善的背诵习惯和吴之道的背诵习惯恰好是相反的，又因为两人背诵的都是主办方提供的背诵文稿，稿子的内容完全相同，所以才在无形中起到了帮助另一方记忆的作用。

郑至善和吴之道就像是发现了新大陆，他们两人赶紧将这种方法应用到其他学习资料上，果然取得了同样的效果。这样来回一折腾，两人也就慢慢成了亲密无间的好朋友，慢慢也就变得形影不离了。

研究证明，在进行记忆的过程中，不断反复进行记忆是可以起到增强记忆效果的，但这种记忆模式也会使大脑形成固有的思维定式、记忆模式，所以在适当的情况下可以通过打乱思维定式、记忆模式的方式来提高记忆的效率及牢固记忆的结果。

科学家认为，在体制教育中，学生们学习的学习资料都是有一定顺序的，而老师在教授学生的过程中也会按照由浅及深的步骤来讲解这些知识点，所以学生们在记忆这些学习资料的时候一般都是按照这种学习顺序进行的，这就会形成固有的学习、记忆模式。因此，在复习学习资料的时候，将记忆的顺序打乱，按照思维主体的自我意愿将知识重新进行组合，往往能够起到增强记忆力，强化学习、复习的效果。案例中的郑至善和吴之道记忆的是相同的资料，但两个人的记忆习惯和顺序不同，在面对面背诵的时候，无意中打乱了对方的记忆顺序，使彼此的记忆效果都得到了增强。

变换顺序记忆法的实际操作就是要思维主体在进行记忆的时候选择使用一种记忆模式，在记忆结束之后，以复习的形式打乱原有的记忆顺序，以自由变换记忆顺序的方式来巩固记忆效果。比如：如果记忆时思维主体是按照时间顺序进行记忆，那么复习时就应打乱时间顺序来进行复习；如果是按照空间顺序进行记忆，那么复习时就应颠覆空间顺序来进行复习。

例：比如在学习历史知识的时候，知识的记忆过程都是按照事实的发生顺序和老师传授的顺序进行的；而在复习的时候，思维主体则不必按照这种固有模式，只需要按照自己的想法，从自身感兴趣的历史阶段开始复习即可。

变换顺序记忆法的目的就是打乱固有的记忆模式，使思维主体按照自己所喜欢的顺序来复习记忆资料，这样就可以避免出现大脑疲劳和记忆低效现象，使识记的结果变得更为坚实、牢固。

一般情况下，思维主体按照固有方法进行记忆的时候，都会产生两个问题：

第一，在所有识记的资料中，资料的首尾部分一般会记得比较牢固，但记忆资料的中间部分则往往会出现印象模糊不清、遗忘的状况。因此在记忆过程结束之后，思维主体应借助复习阶段，通过复习时所采用的变换顺序记忆法，从中间部分开始复习，这样正好可以减少识记过程中常常出现的障碍。

第二，固化的记忆模式会使大脑的记忆能力持续弱化。假设思维主体是从某段难以让人产生兴趣的资料开始记忆，那就很容易在潜意识中形成畏惧心理，最终使整个学习、记忆过程变得低效而没有作用。变换顺序记忆法就可以改变这种状况，当思维主体按照自己的意愿来进行复习的时候，大脑的积极性和主动性都会得到提升，记忆的效果自然也会得到提升。

从自己感兴趣的地方开始复习，就是变换顺序记忆法的精髓，这种自行改变学习顺序的方法可以使思维主体在复习中获得自我满足和学习兴趣，使复习的积极性大幅提升。比如：在复习哲学方面的记忆资料时，就可以改变本体论、辩证法、认识论、历史唯物主义论的记忆顺序，从中间部分开始复习或者直接逆向复习，而且每部分的复习过程也可以随着思维主体的意愿进行改变，从而使记忆的结果变得更加牢固。

第七节 思维导图记忆法

思维导图记忆法可以说是当前世界上非常有影响力的记忆方法。思维导图的英文名称是“Mindmap”，有些书刊也将它翻译成“心智图”或“心智绘图”。自从这种训练方法出现在大众视野中，便先后被翻译成了几十种语言，在世界各地都有出版发行，可谓引领了新时期的记忆潮流。

这种强大的记忆方法还被许多大型企业、机构所采用，他们利用这种记忆法的思维模式来管理公司、培训人才。在东南亚及澳大利亚的一些地方，思维导图记忆法甚至已经走进中小学课堂，成了当地教育机构培养学生的必选课程。

很多人都只知道思维导图记忆法的强大，却不清楚它到底是怎样诞生的。事实上，思维导图记忆法是英国著名的心理学家、教育家东尼·博赞先生于1974年研究发明的。当时东尼先生还只是一名在校大学生。在东尼的求学历程中，同样会经常遭遇一些难题，精神不佳或者烦躁不安的状况也时有发生，有的时候他的记忆还会出现紊乱，所以东尼就希望自己能够找到解决这些问题的方法。

在东尼看来，找方法最好的地方就是图书阅览室，但他跑遍了城市里所有的大型图书馆，也没有发现有哪本书籍是讲解大脑利用或记忆潜能开发方面知识的，这让他很沮丧。后来，东尼开始研究心理学、神经生理学等学科，他希望能够借助从这些学科中学到的知识，自行总结开发出利用大脑、提高记忆力的方法。

经过连续多年的研究，东尼在结合了一些伟大思想家的记忆窍门之后，终于初步总结出了一套可以大大缩短学习时间、提高学习效率的记忆方法。虽然这套方法还欠缺实践，许多细节也不到位，但他还是凭借着这种方法让自己的学习成绩有了非常大的进步。

大学毕业后，为了补贴家用，东尼找了一份家教工作，在教学的时候，东尼发现有很多孩子的笔记都记得一塌糊涂。在东尼看来，这些孩子之所以学习成绩差，完全是因为他们欠缺合适的学习计划和合理的记忆方法。于是，东尼就将自己所使用的记忆方法教给了这些孩子们，很快他的这种方法就得到了学生们的认同，而东尼也获得了通过实践检验记忆方法的机会。

后来，东尼根据不同学生遇到的问题，不断地对他的记忆方法进行调整，慢慢地，这种记忆方法逐渐升级演化成了思维导图记忆法。后来，在一次偶然的机会下，东尼所发明的思维导图记忆法被英国教育机构的官员看中，他们通过多次观察、测试，最终确认了这种记忆方法的可行性。

最后，教育部门还为东尼争取到了一个英国官方电视台的专栏节目，在这期专栏节目中，东尼需要将他独创的思维导图记忆法的详细内容完完整整地展示出来。这期节目播出后，马上就在英国引发了巨大轰动，东尼也一举成了英国人民家喻户晓的“大脑先生”。思维导图记忆法也因此名声大噪，成了世界各地争相研究、实践的超级记忆法。

科学家认为，思维导图记忆法有五大功用：（1）可以使思维主体有条理、有层次、轻松快速地整理学习资料。（2）可以让思维主体迅速理顺错综复杂的大脑思路，找到问题的关键和要点。（3）可以打开思维主体的右脑记忆模式，极大地激发记忆、学习及大脑的思维能力。（4）可以使思维主体拥有全面统筹、组织计划的能力。（5）最大限度地节省学习、工作时间。

在运用思维导图记忆法的时候，首先要牢记该记忆法的五大准则：

准则一，要保证中心图的唯一性和突出性。要牢记，对思维导图记忆法而言，中心图就是思维导图的主体，是整幅导图的中心，所以一定要首先绘制中心图。在一般情况下，中心图应由 3 ～ 7 种色彩的笔绘制而成，这幅图就是整个思维导图的核心。绘制的过程中还要使整幅中心图尽量拥有丰富多样的色彩，这样不仅可以避免思维主体在学习的过程中产生视觉疲劳，还可以很好地诱发他对学习的兴趣。

准则二，要求思维主体在绘制过中心图后，应牢牢掌握思维导图分支图的绘制顺序和阅读顺序。一般情况下，可以将整张图纸看作一个表盘，中心图就是表盘正中的指针中心，从中心图衍生而来的分支图应从表盘 1 ～ 2 点钟的方向出现，然后按照顺时针的方向依次画上所有分支。阅读顺序与绘制顺序相符。

准则三，要求思维主体在使用绘图曲线的时候，一定要按照先粗线后细线的顺序绘制。思维导图中所使用的线条大部分都是平滑的曲线（曲线切记不可有毛边和“乱拐”现象，上下级分支也应全部用曲线进行联结），这和大脑的构造有关，曲线更符合大脑的思维模式，而由粗到细的准则就可以突出整个思维导图中的中心图和分支图之间的主次关系，这样更符合大脑由远及近的联想本能，在进行记忆的时候自然也就容易被大脑所接受。

准则四，要求思维主体善于运用图像。这里的图像并不是指复杂的图像，思维主体只需画出三角形、方形、圆形这三种基本图像即可。运用图像就是要求思维主体充分发挥自身的想象力，将这三种图像构筑、组建成一幅幅简笔画、特有的或共同的代码。将这些绘制的内容和学习资料紧密联系，就可以达到刺激大脑、提醒大脑注意的目的，使大脑通过这些图画联想到关键信息，达成记忆目的。

准则五，要求每一条联结曲线上只能有一个关键词出现。中心图就像大树的主干，而按顺时针发散出去的分支图就像大树的主枝，这些关键词代表的就是各级主枝的含义。在整幅思维导图中，每一个枝杈都可能会不断地延伸出更多与自己相关、相连的次级枝杈。所以，为了使整幅思维导图变得一目了然、清楚明白，代表每个分支的关键词都必须只有一个，并且要写在承担联结作用的曲线上面。

弄懂了五大准则之后，思维主体就可以在遵循五大准则的要求下开始绘制思维导图了。首先，思维主体应该先让大脑做好绘图的准备，充分调动起大脑的所有感官能力和想象力，将大脑的资源集中利用起来。然后准备一张A4或A3纸（一般情况下使用A4纸，这是最佳选择），并且要保证这张纸是干净、无褶皱、空白的。

准备好纸张之后，思维主体应准备铅笔1支，颜色不同的彩笔12支。在绘制思维导图的时候，应先用铅笔进行绘制，以防直接使用彩笔导致错误无法涂改的现象出现。思维主体还要准备红色、蓝色、黑色、绿色四种颜色的中性水笔各一支，这四支水笔是用来在各个分支曲线上写关键词的。

做好准备之后，思维主体就可以绘制主图，也就是中心图了。首先要将主图绘制在纸张的正中心，然后不论识记资料的中心是什么，都必须将中心内容转换成图像，让主图以图像的形式出现。如果思维主体担心自己的绘图能力太差，而资料又是抽象文字的话，思维主体还可以先在纸上写上主题，然后再在主题周围加上一些简单的形状，这些形状可以尽量夸张一些，图像对大脑的视觉冲击越强，记忆的效果就会越好。

例：假设我们的中心图是一颗太阳，我们就可以在中心画一个圆圈，然后在圆圈的周围用曲线画上一些弯曲的放射状光线，画好之后给图像涂上颜色就可以了。画完中心图之后，接下来要画的就是主枝，思维主体可以将第一批出现的主枝信息称为“第一分支”，而联结主枝和中心图的曲线上所写的关键词就是“第一级关键词”，而这一批所使用的联结曲线是整幅思维导图中最粗的曲线。

假设第一批主枝由四个元素组成，它们分别是热量、月亮、幼童、植物。现在就可以从中心图 1 ～ 2 点的位置开始画第一条曲线，并在曲线上写上“热量”这一关键词，然后按照顺时针的顺序在中心图周围依次画上其他三条曲线，并在曲线上写上与其相对应的关键词。

画完主枝之后，就要在主枝后面画上次级枝干，也就是将一级分支向下扩展开来，形成二级分支。比如我们先从“太阳”的第一主枝“热量”展开联想：从人物方面可以这样联想——是什么人能让你感到热量？可以是伟大的人物也可以是伟大的母亲，而事物方面则可以联想到火堆、热水等。

现在就可以在一级分支后画上 4 条稍微细一些的曲线，曲线上分别写上“伟人”“母亲”“火堆”“热水”。二级分支即绘制完毕。剩下的其他二级分支就应按照顺时针的顺序依次在各自的一级分支后进行绘制，二级分支绘制完毕之后，即可绘制三级分支，如此作为一个循环，直到将需要识记的知识全部绘制完成为止。

等到绘制完成所有的分支之后，就可以将代表分支含义的插图绘制到关键词后面了。这是整幅思维导图中极为重要的一环，如果缺少这一步，整个思维导图就缺少提醒大脑注意的信息了，记忆的效果自然大打折扣。思维主体在绘制关键词的插图时，还可以充分发挥自己的想象力，根据自己的判断和想法自由自在地绘制出能够代表关键词意思的插图。在绘制的过程中一定要相信自己的大脑，这样绘制出的插图也一定可以代表关键词的真实含义。

例：比如第一主枝“热量”，就可以用一个标着 300℃高温的温度计来代表，第二主枝“月亮”则可以直接画一个弯弯的月牙，第三主枝“幼童”则可以画上一个小娃娃，第四主枝“植物”可以画成一株大树或一株小草。按照同样的思路将第二分支的关键词全部转化成相对应的插图，即可完成这一环节。

全部完成转换之后，整套思维导图也就绘制完成了，相对于一些枯燥乏味的学习资料，思维主体将资料由干巴巴的文字转换成有趣的插图，每幅插图之间的联系又十分清楚，整个学习资料的主次、从属关系也十分明朗，转换过程也会给大脑留下深刻的印象，这样识记的效率自然远远超过了死记硬背，再加上识记内容从原本需要识记的大量文字信息转变为一张由思维主体亲手绘制的思维导图，极大地减轻了大脑需要承受的记忆压力，识记的效率自然会成倍提升。

第八节　精细回忆记忆法

冯一封与陈光大是多年的老搭档了，他们两人是小镇上的电工，负责小镇上每家每户的用电问题。有意思的是，这二人一直都没有结婚，两人一起搭伙过日子。起初，小镇上的日子很难过，穷苦的时候自然也就没人说什么，但随着日子好过些了，就有人开始上门给他们两个说亲了，毕竟他俩可都是有实打实的国家工资可拿的。

后来，眼瞅着冯陈二人马上就要到退休的年龄了，说亲的媒婆再也不愿上门了。其实，冯陈二人根本就没有心思结婚，即便是真的结了婚，他们也省不出多余的钱来养家。没人知道两人的工资都花到哪儿去了。对于这个问题，冯陈二人一直三缄其口，它就像是一个谜，一直都让人捉摸不透。

由于小镇位置偏僻，上级也就一直没有给小镇安排新的电工，冯陈两人只能在工作岗位上坚守下去。可惜两人的年纪都不小了，不仅身体有些跟不上，就连脑子也变得迟钝起来。自打有次冯一封差点触电殉职之后，他就变得唠叨起来，小镇上的人经常会看到冯一封鬼鬼祟祟地拉着陈光大嘟嘟囔囔地说上一大堆话，而且是每天按时按点不间断地重复，这让镇民们都以为他可能是吓傻了！

只有陈光大清楚地知道冯一封唠叨的是什么，他心里有一股说不出的滋味。没有人知道他和冯一封一直都在资助几名贫困学生，这批学生不多不少刚好 7 个。工资还能花到哪儿去？只是两人都不愿向他人提起罢了。冯一封还根据这7个孩子的大小给他们排了次序，年岁最长的叫大娃，年岁最幼的叫七娃，这些天他天天唠叨的也就是这些孩子的名字。陈光大知道，他这是让自己一定不要忘了按时给“娃儿们”打钱！

陈光大慢慢地开始一点一点地回忆他和冯一封偷偷资助这七个孩子的时光，他要将这些被他用生命灌溉的“日子”再读上一遍，那是多么艰辛又难忘的日子啊！冯一封还是病倒了，这是那次惊吓带来的后遗症，他已经有些神志不清了，小镇上唯一的医生也悄悄嘱咐陈光大尽快安排后事，在缺乏医疗条件的小镇上，冯一封是“拖不了”多长时间的。

冯一封走得比想象中更急，现在，继续执行“任务”的人就只剩陈光大一个人了。陈光大独自在黑夜中沉思，他开始回忆自己与冯一封结识的经历，又想起他们两人一同去市孤儿院义务劳动时的情形，也就是在那天，他们两人坚定了要将这家孤儿院里的7个孩子送到学校上学的决心！到现在，他还清楚地记得这7个娃儿眉眼的模样，他知足了。

时光匆匆，十多年过去了，陈光大也老了，他现在也开始糊涂了，每天他都需要在镇上好心人的帮助下，才能吃上两口“热乎饭”，但他依然没有忘记去领退休工资，还按时去银行。镇子上的人都说这“老家伙”是在装糊涂呢！

一年后，镇子上突然来了7个小伙子，他们四处打听两位老人的消息，等看到窝在柴火堆里晒太阳的陈光大时，7个小伙子“扑通”一声跪在了地上。陈光大睁开浑浊的双眼，看着孩子们的眉眼笑着说道：大娃、二娃……七娃！

故事中，陈光大在回忆资助孤儿院孩子的往事时，不自觉地采用了精细回忆记忆法。科学研究发现，随着年岁的增长，人的记忆力和脑功能都会出现不同程度的衰退，如果人们在日常生活中不能够对已经发生的事情进行回忆，记在脑中的信息也会变得模糊，甚至出现遗忘、痴呆现象。因此，经常对生活展开回忆，并且在回忆的过程中尽量做到精准、细致，记忆的内容不但会变得非常牢固，而且还能起到锻炼、提升记忆力的作用。

精细回忆记忆法的目的就是通过主动、精细、准确的回忆过程来对已经记忆过的内容进行加固，对大脑的记忆能力进行锻炼。在日常生活中，可以应用的具体方法非常多。思维主体第一次使用精细回忆记忆法的时候，可以先从自己所熟悉的记忆内容开始回忆。

比如，思维主体可以先对自己居住的卧室进行回忆，或者选一个自己熟悉的房间，可以是卧室、客厅、书房。在回忆的过程中尽量记起房间内的每一个细节，仔细想一想房间里都有哪些物品，门窗是朝南的还是朝北的，墙上的装饰、柜子里的衣物、书桌上的物品等细节也要进行回忆，如果可以回忆起家具上的花纹、门窗上的贴画，甚至地板上的纹路，那就最好不过了。

回忆结束之后，可以立刻回到房间内仔细检查自己在回忆的过程中是否有记错或遗漏的地方，如果有，应及时更正记忆内容。思维主体还可以对自己的日常生活进行回忆，比如回忆行程。想一想自己一个小时前在做什么？和谁在一起？有什么事情发生？结果如何？看到了什么或者听到了什么？自己又有什么感想？等等。

如果思维主体刚刚观看了一部电影，也可以马上对电影里的故事情节展开回忆，想一想电影中出现的人物都有哪些？他们的处事方法是怎样的？有没有一些自己特别感兴趣的话？对电影中宣传的理念是否认同？某个人物在遇到问题时都会做出怎样的表情或反应？整部电影中出现次数最少的人物是谁？只说过一句台词的人物又是谁？

假设思维主体的娱乐活动比较少，平时也不怎么愿意外出，那他也可以对自己的童年生活展开回忆，想一想自己儿时最喜欢吃的食物是什么，最愿意和谁一起玩耍，玩的游戏叫什么，怎么玩，是否和某个伙伴约定过什么，是否记得小伙伴的长相，等等。

再比如，思维主体是一名学生，那他就可以在课下回忆课堂上老师讲了哪些知识。老师有没有在课堂上提问，都提问了谁，谁回答的答案让老师最满意，他画了多少重点，黑板上都写了哪些内容，老师出了几道例题，布置了哪些课堂作业，等等。

精细回忆记忆法的精髓就在“精细”二字，思维主体在进行回忆的过程中，回忆的内容越精细，记忆的增幅就越高，记忆内容也就会变得越牢固，越不易被遗忘。长时间坚持对有益的、重要的记忆对象进行回忆，可以使这些记忆对象不受时间变化的影响，不受大脑衰退的干扰，牢固、深刻地留在记忆殿堂之中。故事中的陈光大正是凭借精细回忆，在多年之后仍然可以认出自己资助的对象。

第六章
稳步提高记忆力的妙诀

第一节 限时强记法

清代著名作家梁章钜是一个交游广阔的人，他不但热衷于交朋友，而且还特别喜欢和朋友谈论一些口耳相传的奇人异事，并把这些传奇的故事作为自己创作的源泉，记载在自己的散文诗篇中，以供后人解读、借鉴。在当时，社会信息传递缓慢，很多真实的奇人异事都随着历史消散了。可以说，古人的文学作品就是探寻那个时代的线索。梁章钜的一篇文章中就记载了一种特殊的记忆方法——强记法。

这篇文章描述的是明清时期著名的经学大家张稷若口述的典故。作为一名经学大家，张稷若虽然没有在朝为官，但在当时的士林中十分有名望。有一天，一名叫叶奕绳的人来到张稷若的家里做客。张稷若在与他闲谈的时候，叶奕绳偶然间提到了他在识记经典时使用的一种笨方法——硬背强记法，他的这种方法让张稷若十分震惊。于是，被叶奕绳的求学态度打动了的张稷若，经常在其他朋友那里赞扬叶奕绳的求学方法，他认为这种方法才是士子应该坚持使用的学习方法。也正因为如此，这种学习方法才被世人记录了下来。

从小时候开始，叶奕绳就认为自己是一个头脑迟钝，不太聪明的人，所以他觉得自己在读书的时候一定要下死功夫，只有这样才有可能将书上的内容记在脑子里。古人都有抄书的习惯，叶奕绳同样如此，他只要看到自己喜欢的内容，就会动手抄录在事先裁好的纸张上，这些纸最多可以抄上六七段内容，再多就要抄在其他纸张上面。

叶奕绳还有一个习惯，他会在结束每天的阅读学习之后，将自己在阅读期间抄好的文章贴在卧室的墙壁上，每天都会花些时间来到墙壁前背诵贴在上面的文章。叶奕绳给自己规定，不论自己有多忙，每天都要将墙壁上的内容背诵三到五遍，并且在背诵的时候务必做到熟练，要一字不漏地认真识记墙壁上的内容。

墙壁上的空间毕竟有限，等到整面墙壁上都被叶奕绳抄写的纸张贴满时，他就会将自己最先贴在墙壁上的第一张纸揭下，然后在空白的位置贴上最新摘抄的文章，再把揭下来的老文章收进一个大竹筒中。就这样，叶奕绳不断地替换、更新墙壁上的文章，日复一日、不间断地进行记忆。一年的时间过去了，叶奕绳已经可以背诵1000段文章了。

所谓限时强记法，就是在叶奕绳的“强记法”上发展而来，这种方法要求思维主体在规定的时间内记下规定数量的记忆资料，以不间断的“强行记忆”来达到锻炼大脑、提高记忆力的目的。例如，思维主体可以在规定的时间内记忆一些数字、人名、简短的故事、诗歌或者单词。规定的时间不用很长，一般在3分钟或5分钟之内，最多不超过十分钟。识记的内容也不用太多，只要思维主体可以在规定的时间内完成记忆即可。

通常情况下，人们很难挤出大量的时间来专门学习一种记忆方法，尤其是上班族。所以，限时强记法就是该群体提升记忆力的优先选择。上班族可以利用诸如每天上班前在车站等公车的时间来运用这种记忆方法。

几乎每个城市的车站或者地铁站的候车室里都会有各种各样的广告宣传画，这些宣传画上一般都会有少量的文字信息和一种或几种联系方式，上班族就可以利用候车时短短的这几分钟时间，尽力记住宣传画或者广告牌上的电话、文字等信息。

等到坐上车后，立刻结束本次记忆，然后等再次乘车的时候，就可以马上对自己上次“强记”的内容进行检验，如果全部记住了，就可以更换一些新的内容进行新一轮的“强行”记忆，如果没有记住，那就要发动大脑，再次进行强记，直到可以准确记忆为止。这样上班族就可以利用很少的时间完成提高记忆力的训练，用最小的努力达成强化记忆力的目的。

如果思维主体是一名学生，那他就可以利用课间时间来进行“强记”，比如抽出 5 分钟或 10 分钟的课间时间，首先对课堂上老师所讲的某一部分知识点进行“强记”，“强记”过程在上课铃声响起后立即结束，或者在规定时间到了时立刻停止，继续正常的学习过程。

限时“强记”的结果要留待放学后进行检验，如果“强记”成功，就可以更换新的知识点进行新的“强记”训练。如果“强记”失败，就应重新规定稍微短一点的时间，对已经“强记”的知识进行再次重复性“强记”，直到记忆目的达到为止。

在规定的时间段内，不断地锻炼、增强思维主体的“强记”能力，可以充分使用大脑，使大脑时刻保持活力，防止脑功能及记忆力出现退化。等到限时强记法运用熟练之后，思维主体还可以用更短的时间来“强记”一些复杂、难记的记忆资料。

比如，思维主体可以试着在 3 分钟内将圆周率小数点后面的 30 位数字“强记”下来。如果不能完成，也不要气馁，“强记”是一个不断坚持、日积月累的过程。只有不停地坚持使用“强记法”，才可以使大脑功能得到提升，才能在不知不觉中提升思维主体的识记能力，真正达到增强记忆力的目的。

第二节 瞬时、即时记忆法

高考是每一名高三学生必须面对的关口，这件事情可以说关乎所有考生的命运，每个人都要奋勇争先、各显身手，争取能够进入心仪的学校继续学习。作为高三（四）班的一名文科学生，贺忠诚同样有这样的想法。眼看高考的日子越来越近，贺忠诚却对自己越来越没有信心了。对高考而言，这种情况非常严重，缺乏自信还让他在近几次的模拟考试中接连失利，阶段排名一落再落，弄得他甚至萌生了退学、轻生的念头。

贺忠诚的状态让家长和学校的老师都很担心，他们分别找到他做了几次思想工作，可效果不但不明显，反而使他进入了自闭状态，任谁和他说话都不再回应一声。出于各方面的考虑，学校认为贺忠诚应该回家静养。无奈之下，贺忠诚的老师也只好让他回家休息一段时间，等他状态恢复之后，再返回学校继续学习，备战高考。

贺忠诚被父母领回家后，状态一直不见好转。贺父为了能够让贺忠诚的情况出现好转，专门向单位请了长假，留在家里陪着孩子，以防孩子一时糊涂，出现什么意外。由于贺父每日里接连不断的开导，近些日子，贺忠诚的状态稍稍好转，他已经开始看电视了，这对贺家来讲绝对是一件好事。

这天，贺忠诚正在看电视，他无意间看到了一个教育节目，节目里正在讲解一种记忆方法，贺忠诚被这个节目吸引住了。看过节目之后，贺忠诚按照节目中所讲的方法尝试了一下，意外地发现自己竟然可以迅速进入记忆状态，而且识记的效果也不错，这让他十分欣喜。

慢慢地，贺忠诚凭借着这种记忆方法识记了大量学习资料，这样的进步让他逐渐恢复了自信。重新树立起自信之后，贺忠诚毅然选择了重返校园，他经过自己的拼搏，努力备战高考，终于将自己的考试成绩提了上去。在高考战场上，贺忠诚一鼓作气，如愿考入了自己心仪的大学。

科学家认为，在思维主体接触到记忆资料进行记忆的过程中，可以采用一种记忆方法，使大脑迅速进入记忆状态，大大提高记忆的效率，让记忆的效果成倍增加。这种记忆方法就是——瞬时、即时记忆法，也就是贺忠诚从电视节目中学到的记忆方法。

这种记忆法可以从时间角度分为两种状态，第一种就是“瞬时状态”，第二种就是“即时状态”，严格来讲，这两种状态都可以分别作为一种记忆方法来使用。

我们先来了解“瞬时状态”。所谓“瞬时状态”（也可以称为“瞬时记忆法”），是指思维主体在接触识记资料的一瞬间，立刻调动大脑，有意识地对接触到的识记资料进行记忆，让大脑的识记作用发挥到最大限度。

有科学家做过这样一个实验，他事先准备一则寓言故事，将这则寓言故事当作需要进行记忆的识记材料，然后从同一个班级里挑选了两组学习成绩相近的被试，让该班级的教师分别对这两组被试讲述这则挑选好的寓言故事，并记录实验结果。

在对第一组讲述寓言故事的时候，老师事先要告诉这组学生，听完寓言故事之后要对他们进行提问，要求每一名被试都要尽量将故事复述出来。在对第二组讲述寓言故事的时候，事先告诉这组学生，这则寓言故事只需听一听就可以了，不必费心强记。结果表明，第一组的识记效果远远超出了第二组的，之所以如此，完全是因为在识记之前第一组已经有意识或下意识地进行记忆的准备，所以他们在接触到记忆资料的时候马上就进入了记忆状态，识记的效果自然也就变得非常好；而第二组则完全没有进行识记的准备，记忆的效果自然也就会变得非常差。

因此，“瞬时记忆法”要求思维主体在进行学习或识记的前一刻，就应做好进行记忆的心理准备，可以利用给自己定目标或者记忆结束后另找一人检查自己学习记忆后的识记结果等办法来提醒、约束自己，这样就能事先将大脑的记忆功能调动起来，在听讲或者阅读的时候达到事半功倍的效果。

“即时状态”又称“即时记忆法”，这种识记方法要求思维主体在进行识记的过程中，先尽心尽力查看或听取需要识记的资料内容，每听取或查看一条或一个知识点后，就立马在大脑中将该知识点或段落内容迅速地回忆一遍，大脑就会进入“即时状态”，也就达到了即时记忆的目的。

比如说在课堂上学习的学生，可以等到老师每讲一个知识点后，就迅速地将老师所讲的知识在脑子里回忆一遍；等到这节课结束之后，再利用几分钟的时间将整节课所讲的内容回忆一遍；等到这一天的学习结束后，又在脑海中将一天所学的知识点回忆一遍。

这样全天所学的知识就像放电影一样，不断地在脑海中重复出现，记住的和没记住的自然也就一清二楚了，等到第二天可以再花工夫将没记住的重新记忆一遍。如此识记的效果自然就会变得非常好，“即时记忆”的目的也就达到了。

第三节　课堂记忆法

在每个生活圈子里总是有那么几个出类拔萃、鹤立鸡群的人，校园生活也同样如此。在衡阳一中，戚美凤就是很多同学眼中“与众不同”的人。本来，作为一个还在求学的女孩子，戚美凤应该是一个听话乖巧的女孩，可她并不像人们想象的那样文静，反而十分活泼好动。戚美凤热爱体育活动，她的体能远远超过了很多男同学，不仅经常在体育场上夺得好成绩，而且她还有着一副热心肠，经常为一些受欺负的同学们打抱不平。

慑于戚美凤的“武力值”，即便是一些校外的小流氓也不愿与她起冲突，从某种程度上说，她就是学生们的保护伞，还被很多整天混日子的学生奉为名义上的“老大”，因此，在学校里从来没有哪个学生敢去触碰她的霉头。有一次，几名混混在校外打劫一名学生，正好被戚美凤撞到，她勇敢地将这名学生解救了下来，也因此在学校内得了一个“美凤姐”的称号。

乍一看，像戚美凤这样的“老大”，学习成绩肯定好不到哪儿去，在学校里也一定不会受到学习成绩优异的学生群体及老师们的待见。而事实则与之相反，戚美凤不仅“武力值”高，而且学习成绩也非常好，每次考试她都能名列前茅。正因为如此，戚美凤不仅被老师们所喜欢，就连成绩好的学生也都愿意与她交朋友。很多人都惊诧于戚美凤是怎样两者兼顾，在保持强有力的“武力值”的情况下依然可以获得较好的学习成绩。作为一名女孩子，能够有这样的成绩着实引人艳羡。

其实，戚美凤之所以能够两者兼顾，将成绩和体育都搞得有声有色，原因与她在课堂上所使用的学习方法有很大的关系。自从戚美凤上学之后，她就从来没有逃过一节课，每节课她都会认真听讲，并总结出了一套专供课堂上使用的学习方法。戚美凤将这种学习方法称为“课堂学习法”，正是凭借着这种学习方法，戚美凤才能够保证自己的学习成绩一直很优秀，也因此有了多余的时间来锻炼身体，成为其他学生眼中的“学习标兵”和“武林高手”。

教育研究者发现，很多学生由于接受能力差，在上课的过程中很难将老师所讲的知识学会、弄懂，有些学生甚至连将知识点“死”记下来都做不到，而且在课下，这些学生在做习题的时候也无法找到解决问题的要点，不能正确地理解解题的思路，所以也就无法将这些知识点吸收到大脑的记忆网络之中。

导致这种现象的原因有很多，除了学生在课堂上不能够集中注意力认真学习，还与这些学生无法找到该堂课中的学习重点，抓住老师口中所讲的关键性知识点，将这些知识重点记忆有关。事实上，在每一节的课堂学习中，几乎是没有人可以清楚地将老师所讲的每一句话都记下来，所以记住老师所讲的重点、关键性知识就尤为重要了。

所谓“课堂记忆法”，就是针对学生们在课堂中常见的这些学习问题而设计出来的，这种记忆方法要求学生们在上课之前一定要根据该节课所讲的内容进行提前预习。预习之后，学生们就能明确地将疑难问题以及看不懂的知识点找出来，然后在课堂上重点听老师讲解该部分的问题及知识点，争取在课堂上将这些疑难问题解决掉。

做好堂前预习之后，学生们接下来要做的就是在课堂上将老师重点讲解或重复强调的知识记下来，这些重点讲解的内容就是该节课的重点。一般情况下，这些重点是指某些基本定义、基本定理、历史年代、历史事件、基本公式、解决问题的方法、定理的推导方法等知识。除此之外，老师写在黑板上的内容或用粉笔圈起来的内容一般也很重要，值得学生们重点关注。

抓住重点之后，学生们还要重视老师在每节课开头及结尾所讲的内容，这两个时间段所讲的内容的重要性远超前文所讲的重点知识。一般情况下，学生们在听讲的时候常常会将“开头”和“结尾”的内容忽视掉，错误地认为“开头”所讲的不是该堂课的正文，“结尾”讲的是在课堂上讲过的内容；再加上讲“开头”时是刚上课，学生们的心思还没稳定下来，讲“结尾”的时候又要下课，学生们都急着出去玩耍。因此在听这两部分内容的时候，很多学生都心不在焉，记忆的效果自然也就非常差。

事实上，每节课的“开头”可以说是这一节课的提纲，有着概括、综述所有知识点的作用，只有抓住这个提纲，按照提纲的指示去听讲，才能很好地区分主次，知道自己该怎样学习，在课堂上该做什么，又该按照怎样的步骤去做。

“结尾”则是老师对本节课中最重要的知识点进行的一次总结及提炼，这些内容是学生们复习时的要点，对这节课有着不容忽视的重大作用。除此之外，每堂课的“开头”和“结尾”还都是相互照应的内容，这两者对本节课有着点题、升华的意义，掌握二者之后，自然也就可以轻易地将整节课的知识点搞懂了。

课堂记忆法还要求学生们在上课的45分钟内紧紧跟着老师的思维，抓住老师的思路，按照老师的想法去听讲，这样就能使学生的记忆不会出现“空白点”，很好地保持听讲的连续性，使记忆内容从原本的支离破碎转变为条理清晰的状态。

那么，如何紧跟老师的思维呢？首先，学生们在听讲的时候应该关注老师在课堂上提出的每一个问题，不管是要求学生回答的问题，还是老师自问自答的问题，都代表了老师教授知识的思路。如果可以将这些问题记录在笔记本上，用于课后复习，记忆和学习的效果就会变得非常好。

此外，每次老师在讲到需要记忆的重点知识的时候，一般都会说上一些提示性的话。比如“请注意”“我再重复一遍”“这是重点”等，在这些提示之后讲到的内容就是老师教授知识的思路，抓住这些内容就等于抓住了老师的教学思路。

几乎在每堂课上，老师都会讲解一个或几个定理、结论，在讲解这些定理、结论的时候，老师都会专门将该定理、结论的推导过程详细地讲一遍，这个推导过程同样是老师的思维过程，紧跟这一过程，不仅可以使学生深层次地理解老师所讲的知识，还有助于培养和提高学生们分析问题和运用知识的能力。

第四节 预习记忆法

张泽涛是一个十分老实的男孩，他紧守父母、老师的教诲，坚定地按照他们安排的方式去生活、学习。很多人可能都适应不了这种死板的教育方式，认为在这种教育方式下成长的学生一般都是“书呆子”，将来也会缺少自己应有的思想和灵魂。张泽涛则不这么认为，他觉得这样做，首先是孝敬父母、尊敬师长，其次是这种教育模式看似死板，实则都是父母及老师用人生经历总结而来的学习经验，按照他们的要求去学习，是不会出现大差错的。

张泽涛今年刚读初二，自从进入初中，他便按照父母亲的要求利用假期时间参加了几个学习辅导班，以便于用假期时间来温习原来学过的功课，如果时间允许的话，补习班还会提前讲解一些大家尚没有学过的新知识。在补习班里，张泽涛一直很认真地学习，可他觉得自己记住的知识点依然很少，补习的效果也不是特别好。

张泽涛将他的这种疑惑讲给了父母听，父母则认为只要有效果就行，并且告诫张泽涛，不要因为上过了补习班就不重视课堂学习过程，在学校上课的时候，一定要提前准备预习，这样才能学得快、学得好，才能考出更优异的成绩。张泽涛将父母的话牢牢记住，并实际应用到自己的学习、生活之中，希望能够让自己在新的学期里考出更优异的成绩。

一段时间后，张泽涛发现自己虽然坚持课前预习，可是他发觉预习的效果不仅非常不好，反而还浪费了自己大量的休息时间，使得自己在上课的时候经常犯困，很难将注意力集中起来。这样一来，学习的效果不仅不见好转，反而走起了下坡路，这让张泽涛十分苦恼。一次偶然的机会，张泽涛在图书室找到了一种可以提升预习效果的方法——预习记忆法。

凭借着这种预习方法，张泽涛一改往日预习后出现的消极状况，成功地达到了预习辅助学习的目的，大大增强了对知识点的领悟、学习、记忆能力，使得整个学习过程变得异常轻松，这极大地增强了张泽涛的学习动力，使他的学习成绩得以快速提升。等到中考的时候，张泽涛的成绩已经远远超过以往，经常保持在班级前三名。

科学研究发现，很多学生在进入初中阶段的学习之后，都明确知道了课前预习的重要性，对于一些难度系数比较大的学科来讲，课前预习几乎成了应对该学科的唯一选择。不过，研究者发现，即便是学生们深知预习的重要性，并在课前做好预习，但预习的效果似乎并不明显，对于有些同学来讲，预习这一过程完全是在浪费时间，整个预习过程结束后，脑海中也没有留下一点完整、清晰的印象，这样一来，预习显然就是在做无用功。

到底该如何提升预习效果，使预习成为辅助学习的首要手段，这就是本节要讲的重点内容。预习的首要目的就是要让学生在老师讲解新知识之前对陌生的知识点有一个初步认识。想要满足这一要求，学生应先将预习内容读三遍。在这里，“读三遍”的过程也应详略得当，可以将其细分为粗读、细读和精读。

粗读是指预习者按照预习资料的框架（比如章节、单元、小节等），将预习资料粗略地读上一遍。这样做的目的是了解整个预习资料的内容结构，通过粗读掌握其整体轮廓。粗读之后，就可以在其基础上开始细读，细读要求预习者应按照预习内容一字一句地认真阅读。这样一来就可以清楚地知道整个预习材料中哪些是重点，哪些是难点，哪些地方有疑问，哪些是中心理论，哪些又是基本概念、基本定理等。

在细读的基础上就可以继续进行精读，精读是三次阅读中层次最高的读法，在精读的过程中，预习者要带着细读时发现的问题去进行阅读，尽量全面、综合、对比，将预习资料中的规律总结出来，将预习资料中的知识点理解。如不能理解，就应重点标注，留待课堂学习中将其解决。

对预习资料进行了三次阅读之后，预习者还应对阅读所得做一个全面透彻的总结，这样做的目的是使预习者能够将阅读时所掌握的知识、发现的问题、未掌握的知识进行整理，掌握这些分散的各部分知识之间的内在联系，进一步加深对所有知识的理解和掌握。从一定意义上来讲，这便于预习者将完整、成体系的知识用到复习过程当中。

在学习生涯中，除了堂前预习，还有一种一阶段学习结束后展开的大预习。一般情况下，大预习的时间充足，预习者可以自由安排学习时间，预习的重点一般都放在弱势科目上。当然也有特殊情况，有些有远见的同学也会在每一阶段的学习结束之后，抽出时间来预习老师即将讲解的新章节知识。

很多同学在进行大预习的时候都会给自己留下非常充足的预习时间，预习的过程也因此变得漫长，但长时间的预习过程，是很容易将预习者的学习主动性消磨掉的。因此，预习的时间一般应保持在30 ~ 40分钟，也就是一节课的时间，时间特别充足或者预习内容特别多的人也可以根据自己的情况适当将时间延长一点，但一定不要预习过久。

如果需要预习的内容比较简单，而预习者的时间也不是很充足，那么预习者就应该将预习时间缩短到20分钟以内，在短的时间内将大预习做好。对于一些比较难的知识点，预习者应该每周抽出两段时间来进行预习，每次预习的时间保持在30分钟以内。比如：可以在周三中午预习一次，然后在周五或周六中午预习一次。

对于一些学习、记忆、理解能力强的学生来讲，他们可能认为预习的过程会将自己对新知识的新鲜感破坏掉，因此不愿进行预习，但对理解、记忆能力较弱的学生来讲，预习是必不可少的一个学习过程。最关键的是，预习并不是为了应对老师的检查或者提问，预习应是为了帮助自己理解、辅助学习的过程。只有端正了预习的态度，学生才能通过预习这一过程来发挥促进学习、记忆的作用。

第五节 复习记忆法

一进唐家巷，大老远的就能听到一位大娘敞开嗓门在那里说话。这位大娘叫周芯，别看她的名字起得文雅，可这嗓门在唐家巷里也是出了名的。据街坊邻居们说，周大娘原本也没有这么大的嗓门，至于周大娘如何拥有了这样粗大的嗓门，那就要提一提唐义军的儿子唐国奎了。

唐国奎小的时候呆呆傻傻的，因此也就成了其他小朋友戏耍的对象。为此，周大娘可没少掉眼泪。有人说周大娘的嗓子就是在那时候变嘶哑的。后来，唐国奎上了小学，被人欺负的情况才有所改善。

几年后，有一件事让唐家巷的人至今记忆犹新。那天，唐国奎从学校捧回来了一张“三好学生”奖状，这可是整个唐家巷里的学生娃们头回往家里带奖状！周大娘的脸上乐开了花，嗓门也慢慢放开了，她逢人就大声地将自己儿子获奖的事说上一遍，巷子里的邻居们也都笑着应和，这让周大娘十分高兴。

唐国奎自打发现奖状可以让娘开心以后，每一年都能拿回来几张奖状。中考之后，唐国奎还以全县第一的好成绩得到了县领导的慰问，这可把周大娘给乐坏了，从此，她的嗓门再也没有降下来，成了唐家巷里远近闻名的“新风景”。当然，有些有心人也会对唐国奎的学习成绩感兴趣，他们都想知道唐国奎到底是怎样考取优异成绩的。

其实，除了学习努力，唐国奎还掌握了一种很普通的学习方法——复习记忆法。这种方法很多人都知道，也几乎人人都在使用，但没有一个人用得比唐国奎好，唐国奎就是利用这种记忆方法，使自己的学习成绩一直保持在最高水平，同学里没有一个人能够超越他。最终，唐国奎凭借着这种普通的记忆方法成功夺得了“中考状元”这一荣誉称号。

众所周知，遗忘现象是识记过程中面临的首要困难，那么在进行记忆的过程中该如何遏制遗忘，也就成了提升记忆力的关键因素。在校园生活中，学生们最常使用的遏制遗忘的方法就是复习。几乎每一名教师都会要求学生们坚持复习，复习也成了除预习之外辅助学习、提高成绩的另一种重要手段。

和预习一样，复习其实也讲究方法，使用恰当的复习方法才能将复习的功效发挥到最大，而不恰当的复习方法往往只能浪费学生们的学习时间。在这里，我们要介绍几种有效的复习方法，使复习可以成为帮助学习、巩固记忆、提高成绩的重要手段。

所谓“铁要趁热打，火要趁风放”。复习也应趁早进行，每节课后，都应赶紧对该节课上所学到的内容进行复习。只有及时复习，才能最大限度地保证记忆的效果。在校园学习中，很多学生都没有养成课堂听讲后马上进行复习的习惯，等到过一段时间，原本学到的知识已经被抛之脑后，这个时候再去复习，就等同于重新将已经学习过的知识再学一遍，这显然与复习的初衷相违背。

所以说，学生们如果想要通过复习的手段来巩固记忆成果，最好在每节课结束后，立刻安排时间进行复习。如果学习时间确实不充裕，那也应该在当天的学习活动结束后，再对全天所学的知识做一次总复习。

在进行复习的过程中，学生们要利用合适的复习方法。比如：不要直接拿出书本来看，也不要捧着书本对着课堂上画下来的知识点大声背诵，反而是应该将书本合上，在脑海中努力回忆整节课所学到的知识点。这种自己在脑海中考自己的方法，可以让自己的大脑充分活跃起来，使回忆的内容变成更加牢固的知识。

假设学生们能够在自我提问式的回忆中将一节课中所学到的大部分知识回想起来，那就证明学生们所进行的课堂听讲和课前预习等活动是有效且成果斐然的，这在无形中就会增强学生们对学习和预习的信心，同时也使得记忆的效果获得再次提升。

如果学生们在回忆复习的时候，脑海中记起的知识点很少，那就应该主动寻找原因，改进课堂学习及预习的过程。复习回忆结束后，学生们就可以打开课本来检验自己的回忆是否有出错的地方，如果有应立即加以改正。

在进行回忆复习的时候，学生们事先还要准备一张纸和一支笔，一旦在脑海中回忆出课堂上学习到的知识点，就应该马上将该知识点写在纸上，同时还可以将自己的复习成果、学习心得等情况全部罗列清楚。如果能够养成复习时笔不离手的习惯，也就能将手、脑联动起来，起到进一步帮助、提高记忆的作用。

几乎每堂课结束，老师都会留下课堂作业，此时学生们一定不要马上就抽出时间来做作业，反而应该在做作业之前再次将书本上或参考材料上的知识阅读一遍。如果条件允许的话，学生们还可以和身边的同学讨论，也可以请教老师，将自己在课堂学习中尚未弄懂的问题尽可能地解决掉。做好这些准备之后再去做作业，这样既达到了灵活运用新知识的目的，又取得了复习的效果，可谓一举两得。

在复习的时候，学生们还应该多动脑筋、多思考。比如，每学一节新知识，复习的时候就应该尝试着找一找新知识和原来学的旧知识之间是否有联系，如果新旧知识之间是有关联的，那学生们就可以将两者联系起来，进行比较记忆。这样一来，记在脑海中的知识就会变得更有条理，知识与知识之间还会形成一个网络，不仅有助于理解记忆中的众多知识点，而且更进一步加深、巩固了对新旧知识的记忆。

第六节　过度记忆法

朱文龙是一个既憨厚又聪慧的男孩子，他就像他的名字一样，在内心里有着非常远大的志向。朱文龙的家庭条件不是很好，幼年时贫苦的生活让他意识到自己只有努力学习，争取考入高等学府，才能真正改变自己的命运，这也是他目前所能看到的唯一出路。朱文龙很喜欢文学，所以他在高中时选择了文科，想要学好文科，就必须识记大量的文字、文献材料，只有将大量的学习资料牢固地记在脑海中，才能在考场上游刃有余，取得优异的考试成绩。

为了能够让自己拥有考入重点大学的资格，朱文龙从上学开始就严格要求自己。他要求自己一旦开始学习，就必须将全部身心投入到学习过程之中，力求能够达到废寝忘食的境界。为了尽快将自己的学习成绩提上去，朱文龙总会下意识地将老师布置下来的作业或学习任务多做几遍。也正因为如此，朱文龙才能一直保持着优异的学习成绩，被老师们喜爱。

每天，朱文龙都会花费远超其他同学的时间来学习，但他学习的进度并不快，所以很多人都认为朱文龙能够取得这样好的学习成绩，完全是他以勤补拙的结果。事实上，朱文龙之所以这样做，并不是因为他不够聪明，而是因为他在学习的过程中意外发现了一种可以提升记忆效果的方法。但这种记忆方法不仅不能缩短学习者在识记过程中所使用的时间，反而要让学习者花费更多的时间来进行记忆。

这种记忆方法看似是在浪费时间，可对记忆水平提升的作用却着实让人眼红。朱文龙正是因为掌握了这种特殊的记忆方法，才会在学习的过程中经常花费比其他学生更多的时间来进行记忆，他清楚地知道，只有坚持使用这种记忆方法，才能真正将知识完全掌握，烂熟于心。

更关键的是，朱文龙发现，利用这种看似费时的记忆方法记住的学习资料，记忆的牢固程度远超通过其他识记方法记住的资料。而且每当需要使用该记忆内容的时候，大脑可以轻易地将记忆资料提取出来，大大缩短了苦思冥想的时间，不仅记忆的还原过程快，还原的质量还好。所以说，这种记忆方法才是朱文龙在学习路上克敌制胜的真正法宝。

很多初学者在进行识记的过程中，一旦发现自己通过一次或几次的记忆后并没有将记忆资料印在脑海里，就会手足无措，不知该如何是好。有些人甚至会对自己的记忆能力产生怀疑，对自己、对学习丧失信心。事实上，这种记不住的现象是完全正常的，只要学习者继续坚持识记，在识记的过程中努力查找导致记忆出现问题的原因，寻找适合自己的识记方法，就一定可以成功记住相关知识。

众所周知，记忆是一个由浅及深的过程。每一次重复性的识记行为，都是对记忆强度的加固，只有一步步地不停加深记忆，才能使思维主体真正掌握这部分知识，也只有这样，才能将已经记住的知识“信手拈来”地应用，才能取得最理想的识记效果。过度记忆法就是能够强化识记效果的有效方法。

所谓过度记忆法，即学习者在进行识记的过程中，识记某一材料达到低熟练度的时候，再继续识记、坚持记忆的记忆方法。简而言之，过度记忆法就是学习者在刚好可以将学习资料记住的情况下，没有停止识记行为或转而识记其他新的知识，反而将已经初步记住的知识进行再次、多次记忆。当然，在使用过度记忆法的时候，学习者也应有自己的考量，避免过犹不及的状况出现。

那么，“过度”的“度”体现在哪里呢？有这样一个实验，实验要求三组实验参与者观看一幅迷宫图，第一组只要初步将迷宫图记住即可，第二组则在记住的基础上再多进行50%的记忆练习，第三组则在记住的基础上再多进行100%的练习，然后检测三组绘制的结果。实验证明，三组实验者中的第二组是记得最清晰、记忆效果最牢固的一组。也就是说，在记住的基础上，只需增加50%的记忆幅度，就可以达到“过度记忆”的最佳值。

值得注意的是，超频次地使用过度记忆法会使学习者产生严重的疲倦感、懈怠感，这种感觉会使得记忆效率变得非常低下，所以在使用过度记忆法之前，学习者应该对需要识记的资料进行筛选，然后只对重要的、基础的知识应用过度记忆法，而不是将这种记忆方法应用在所有需要识记的内容上。

在临考前的复习过程中，尤其是文科生，也可以有选择性地使用过度记忆法。使用过度记忆法的时候，学生应该按照自己对课业的掌握程度、熟悉程度来界定过度记忆法的使用频率。

第七节 “双基”记忆法

每当考试临近的时候，学生们都会自发地进入考前紧张状态。这一刻，学生们都会“八仙过海各显神通”，务必要使自己达到“临阵磨枪不快也光”的最佳状态。有些关乎命运的考试更是如此，这其中又以中考、高考为甚。每当这两次重大考试即将到来时，不论是家长还是学生、老师或者学校都会表现得无比慎重。各个学科的任课教师也会提前结束该科课程，在考前给学生们留足大复习的时间，使学生们能够有时间将知识融会贯通，可谓做足了准备。

近年来，由于教师的叮嘱和强调，“重点”知识在学生心目中所占据的比重变得越来越大，以至于很多学生在复习的时候都会下意识地只关注、研究“重点”知识。在临考前的大复习中，学生们竞相猜题，拼命地钻研、识记这些所谓的“重点”，力求能够猜中一题，让自己多考几分，但实际结果却出现了两极分化。一部分学生借此考出了更优异的成绩，而另一部分学生则平白浪费了大量的复习时间，这种异常现象让许多学生感到十分懊恼，但他们又不知该如何是好。孙红旗也被这个问题所困扰着。

孙红旗的学习成绩在班级里只能算是中等偏上，但他同样想要考出一个更加优异的成绩，每年期末考试前的大复习，孙红旗都会跟着学习好的学生们一起去研究“重点”知识，但他并没有从中获得任何有价值的回报，这种结果让他开始质疑自己，极大地打击了他积极向上的学习心态。幸运的是，孙红旗并不是一个“闷葫芦”，他在发现了问题之后便马上找到了班主任傅邵彬，向其寻求帮助。

班主任听了孙红旗的困惑之后，笑着对他说道：“是否要复习‘重点’知识是要结合自身的学习情况来进行的，如果基础不扎实，就花费大量的时间去贸然复习‘重点’，当然不会取得任何效果。你既然觉得自己的基础还不够扎实，那现在应该做的就是打牢基础，将基础弄扎实，才是你复习时的‘重点’啊。”谈话结束后，班主任傅邵彬还结合孙红旗身上出现的状况，给班级里基础较差的学生们介绍了一种巩固基础的识记方法——“双基”记忆法。

孙红旗学到这种识记方法之后，马上就将它应用到自己的复习过程之中。十几天之后，孙红旗发现很多原本记不牢的知识已经被自己牢记，一些模糊的知识点也慢慢变得清晰起来，如此显著的复习成果，使他变得更加自信、乐观起来。现在，孙红旗如愿考出了优异的学习成绩，并慢慢开始向着“最优”进军。

“双基”记忆法中的“双基”指的是学习中的基础知识和基本方法。这种识记方法要求学生们在中学、高中阶段的学习中，注重基础知识，巩固基本方法，将学习、复习的重点放在基础上，而不是将大量的时间花费到研究难点、重点、偏题、难题上面。

教育研究者认为，初高中阶段的主要学习任务就是掌握基础知识和训练基本技能，这和“双基”记忆法的观点不谋而合。其实，不论是中考还是高考，考试的考题虽然千变万化，但究其根本，还是从基础知识、基础方法之中演变而来的。所以，学生在复习的时候应该结合自身的实际情况，找到自身欠缺的地方，基础不牢固的就应及时采用“双基”记忆法打牢基础。

“双基”记忆法的适用对象就是那些基础打得不够牢固的同学。那我们又该如何使用这种记忆方法呢？在使用该记忆方法的时候，学生首先要将自己弄不懂的重点、难点知识从复习的“圈子”内摘出来，然后不要盲目地跟着其他基础扎实的学生去研究那些难题、偏题，更不要花费大量精力去猜题。

杜绝以上行为之后，学生就可以将各个学科最基础的定理、理论、概念、必背段落、解题的基础方法等知识整理出来，然后对这些基础的、容易理解的知识进行记忆、巩固，务必将这些基础知识、基础方法牢牢地“刻”在脑海之中，等到将这些基础知识全部记住之后，再开始解析其他各种基础题型，分析、研究、清理作业中经常出现的错误，进一步将各个学科的基础知识弄透彻，这样一来基础自然就打牢了。

“双基”记忆法针对的就是基础不牢固，但在大复习时又渴望得到好成绩的学生。而那些会学习的学生在平日里的学习中就已经将自身的“双基”打好，等到大复习的时候自然就不需要使用这种记忆法，研究知识重点、猜题、强化对重点知识的理解，才是这部分学生应该做的事情。

第八节 快速阅读记忆法

“真的好累啊，眼睛都看肿了。”方子芬气呼呼地将手中的参考资料丢在书桌上，空出双手轻轻地揉了揉又酸又胀的眼睛，然后重重地靠在椅子上，认真地做起了眼保健操。方子芬一边跟着节拍做操，一边在心里狠狠地诅咒安排学习任务的那位老师。她那副咬牙切齿的模样真的是让人又疼又爱。

就在方子芬幻想着自己用电影里的整蛊桥段，将那位老师狠狠捉弄一番的时候，放在床头的手机突然响了起来。方子芬拿来一看，原来是邻居曾国强发来的一条短信，这会儿他正在楼下想约她一起去玩呢。今天，方子芬的家长都不在家，她也就省了一番解释，大大方方地下楼赴约去了。

谁曾想，方子芬刚赶到楼下，神清气爽的曾国强就指着她哈哈大笑起来，弄得方子芬还以为自己的脸是不是没有洗干净。还没等方子芬追问，曾国强就指着她的眼睛说道：“哎哟，我的方大小姐，这眼睛怎么哭肿了？什么电视剧这么悲情？”

方子芬一听这话，气就不打一处来，她没好气地说道：“还不是老师布置的那一堆任务，眼睛都看肿了，那本资料也没看完一半。”话还没说完，方子芬突然惊诧地问道：“你不是也要看那本资料？为什么你的眼睛没肿？是不是偷懒还没看？我可告诉你，你要是被老师抓到了，可别怪本小姐没提醒你。”

一想到老师的“变态手段”，曾国强就禁不住打了个哆嗦，可他一看到方子芬的眼睛，就又嘚瑟起来，拖着长音回答道：“我早就看完了，看资料也是要讲究方法的。”一听说看资料也有捷径，方子芬也顾不得和曾国强斤斤计较了，急急忙忙地问道：“快说，有什么好方法，告诉我，我就请你吃好吃的。”

后面的假期里，方子芬凭借曾国强告诉她的记忆方法，顺利将那本厚厚的参考资料看完了，那可是比语文课本还厚的参考资料！而且资料内的关键内容还被她记了个八九不离十，这种快速阅读的感觉真的是太好了！方子芬郑重地将这种记忆法的名字写在了书本上——快速阅读记忆法，她还发现这种方法在挑选参考书的时候也很有用，看来自己今后是再也离不开这种方法了。

众所周知，学生在校学习的时候，除了学习课本上的知识，还需要借助各种各样的参考书籍来帮助学习。在现实生活中，各大书店内琳琅满目的参考书，常常让人看花了眼，如何挑选参考书自然也成了学生必须解决的一个问题。教育专家认为，参考资料上所讲述的内容，学生们是不必花费大量的时间去识记的，学习的重点依然应该放在教材上。

其实，参考资料上的内容过于繁杂，学生也不可能有充裕的时间来识记这些内容，更不可能将参考资料中的内容全盘吸收，即使是花了大量工夫，勉强将书中的内容记住，记忆的效果也不一定好。所以在识记参考资料上的知识时，应找到合适的记忆方法。

快速阅读记忆法就可以帮助学习者迅速挑选到适合自己的参考资料。在挑选参考资料的时候，挑选者切忌先去关注该资料的内容，而是应该先查看资料的书名和副标题，根据书名和副标题进行首轮挑选，等到将符合自己要求的资料选出来，就开始查看这些资料的简介、后记、编者导语、作者说明等内容。查看完毕之后，再根据这些信息对资料展开二次筛选，然后查看经过第二次筛选的资料的目录、章节提要等信息，并开始以“跳读”的方式查看被选中资料的内容，最终选定自己需要的参考书籍。

将参考资料选好之后，学生们就要借用快速阅读记忆法来阅读、记忆参考资料了。快速阅读记忆法最常用的阅读方式就是“跳跃式阅读”，这种阅读方法要求学生在阅读资料的时候，以跳跃的方式跳过文章中的大段、大篇幅内容，只读文章里的精华部分。比如：只阅读文章的开头、结尾，具有承上启下作用的段落，每一段的起始句，等等。

快速阅读记忆法的第二种阅读方式是“扫描式阅读”。这种阅读方法要求学生们在阅读参考资料的时候，将视线以垂直上下移动的方式进行阅读，在阅读的过程中只关注参考资料内的“重点”内容，忽略其他内容，以此来提升阅读速度，达到快速阅读、理解、记忆的目的。在使用“扫描式”的阅读方法时，学生们还要练就能够在阅读中快速抓住关键词语、句子的能力，只要具备这种能力，就能做到人们常说的“一目十行”。

快速阅读记忆法的第三种阅读方式是“组合式阅读”。这种阅读方式要求学生们在阅读的时候不要逐字逐句地看，而是将几个字或半句话、一句话当成一个又一个的组块，每次阅读一个或几个组块的内容，即可达到“组合”阅读的目的。想要使用这种阅读方式，学生们就要先挑选一个简单易懂的短文来进行训练，等到自己每次阅读都能吸收一个或者几个组块的时候，就能真正将“组合式”阅读的要领掌握了。

第九节　六步笔记记忆法

作为一名高考状元，康友信是耀眼的。自从他成功摘得“高考状元”这一桂冠，康家的门槛都快被人们踏破了。前往康家“取经”的人摩肩接踵，络绎不绝。亲戚朋友、街坊邻居们蜂拥而来，为的就是能够从“康状元”那里学到一些成功的经验，这点经验或许也能让自家在将来也出一个高考状元。用古时候的说法，那可是“文曲星”呢。对于这种光宗耀祖的事情谁能不积极？再不济，就算是只能和“康状元”说上两句话，那也是值得夸耀的体面事。

康家热情接待了怀抱各种目的的亲朋好友，康友信也亲自出面接待各位叔伯阿姨。可他早就不堪盛名之累了，勉强应付一番之后，康友信就准备“潜逃”。可眼尖的“亲友团”怎么可能这样轻松将他放走？一群人七嘴八舌、七手八脚地将康友信按在椅子上，一边说着“场面话”，一边竖起耳朵，唯恐漏掉了从康友信嘴里说出的任何一句话。

一直等到记者赶来，康友信才被“解救”出来。稍做歇息之后，康友信又要面临记者的采访。采访开始没一会儿，记者就问到了大伙儿最关心的问题：“你是如何成为高考状元的？”康友信答道：“其实，除了努力、坚持和幸运，我之所以能取得这样的成绩，完全归功于记笔记这件事，是这件事情让我的学习成绩突飞猛进，才能有幸成为今天的主角。”康友信的回答让大家跌破了眼镜。

等到这场由记者发问，康友信作答，各位亲友重点关注的采访正式结束以后，众多“亲友团”的成员才恋恋不舍地结束了今天的拜访。他们一边往家里赶，一边寻思着自己的收获。几乎每一名回家的来访者，都在思考一个问题——记好笔记就能成为高考状元？记笔记和成为高考状元又有什么关系？这“状元”也太容易考了吧。

一时间，人们纷纷谣传康友信自私自利，“他这是不想将秘方告诉别人哩”。好事转眼就变成了坏事，康友信也十分无奈，后来他只好通过媒体将自己记在笔记本上的内容公布出来，这才打消了人们的猜疑，人们终于在记笔记和成为高考状元这两者之间画上了一个等号，一场风波也得以平息。大家纷纷开始讨论康友信采用的六步笔记记忆法。

记笔记是每一名学生在学习的时候都必须亲手操作的事情。笔记不仅可以帮助学生们进一步理解课堂上老师所讲的重点知识，还可以起到积累复习资料、巩固记忆成果的作用。只是，在课堂学习中，学生们记的笔记往往会因为时间因素和其他各种原因出现漏记、混记、繁杂、重复等情况，这样记出来的笔记就很难起到它应有的作用。

到底该如何记笔记呢？六步笔记记忆法要求学生们在记笔记的时候做到以下六步：

第一步：记笔记要“趁热”。在学习的时候，学生应手不离笔，一旦发现有需要进行记录的知识点，就应马上将其记在笔记本上。在一节课结束之后，学生们还要马上对记下来的笔记内容进行记忆、回忆，如果有模糊不清又实在想不起来的地方，就要找到其他同学的笔记来作为参照。

找到可供参照的笔记之后，就可以开始第二步：补充笔记内容。在整个课堂学习中，学生们一边要跟上老师的讲课进度，一边又要抽空记笔记，在这种“一心二用”的情况下，笔记的记录都会出现空缺、省略、用其他字符代替、简化或者遗漏的现象。这个时候，学生就应该一边回想老师教授知识时的情形，一边参考其他人的笔记，将笔记内容补充完整。

将笔记内容补充完整之后，就要进行第三步：整理笔记内容。在这一步中，学生们应仔细审查笔记内容，将笔记中的错误全部找出来，然后一一进行更正。在修改错字、病句或者其他不准确的内容时，一定要特别认真。只有在反复确认以后，才能进行修改，这样做的目的是保证修改内容的准确性。

保证了笔记的准确性之后，就可以进行第四步：编理笔记目录。在这一步，学生们应挑选一种统一有序的数字或符号，将笔记的内容提纲整理成笔记目录，使整本笔记便于查阅且有条理。在进行编、理的时候，学生们一定要将各节笔记间的顺序排列梳理好，并给每一节笔记署上与之对应的编号。

将笔记内容编理好之后，就可以进行第五步：区分笔记内容。在这一步中，学生可以用不同颜色的笔或者符号将性质不同的笔记区分开来，这样做的目的是使整篇笔记变得一目了然。比如：可以将解题方法用红色笔标出，概念定义用蓝色笔标出，疑问、难点问题可以用黑色笔标出，扩展、赏析内容则用黄色笔标出。

完成了以上的五个步骤之后，就可以进行最后一步：删除多余、冗长的内容。这一步就是让学生将笔记中无关紧要的部分删除掉，这样做的目的是使整篇笔记变得更加简明、精炼。经过这六步整理之后，学生记录下来的笔记就完全变了一番模样，这种详略得当、重点突出的笔记，自然可以帮助学生解决学习中遇到的大多数问题，还可以达到帮助学生学习、提高记忆力的终极目的。

第十节 课堂学习的分段记忆法

林芝岭最近从一位朋友那儿听到了一种可以帮助识记的记忆方法——首尾记忆法。据说这种记忆方法可以迅速提高学生课堂学习的效率，坚持使用这种记忆方法，还能考出非常优异的成绩。一听到这种记忆方法能够迅速提升学习成绩，林芝岭就动了心思，他从朋友那里了解到这种记忆法的大致步骤，然后就迫不及待地将这种记忆方法用到了自己的课堂学习之中。

一开始，这种学习方法是非常有效的。林芝岭坚持使用首尾记忆法一段时间之后，他的学习效率就有了非常明显的提升，学习过程也变得更加轻松。如此优秀的学习成果让林芝岭更加相信、依赖首尾记忆法，在他的心中，这种记忆方法已经在他心中悄然占据了非常重要的地位。

慢慢地，林芝岭越来越重视首尾记忆法的作用。上课时，他都会特别关注老师在开头和结尾时讲的知识，为了听这两段内容，林芝岭花费了大量精力。长此以往，在每节课的中间时段，林芝岭就没有足够的精力来用于听讲，这也让他逐渐丢掉了老师在每节课中间阶段所讲的知识。起初，林芝岭并没有意识到这件事的重要性，在他看来只要将精力花在每节课的开头和结尾，就能达到学习目的。

一个月后，林芝岭的学习成绩突然下滑，班级名次足足掉了十几位，这不单让林芝岭大为惊恐，还引起了班主任陈星的注意。在陈星的询问下，林芝岭将自己的情况一五一十地讲了出来。

听了林芝岭的讲述，陈星马上就找到了整个问题的症结——过于重视首尾记忆法。陈星告诉林芝岭，每节课的中间环节，所讲的内容要远远多于首尾环节，不忽视首尾环节当然是正确、有益的，但却不能只重视首尾环节，过度强调首尾环节的作用，这样做只会起到反效果。

谈话结束的时候，陈星还给林芝岭介绍了一种新的记忆方法——分段记忆法，这种记忆方法正好可以解决林芝岭当前所面对的难题。在分段记忆法的帮助下，林芝岭慢慢纠正了自己在听课时犯的错误，他重新分配学习精力，在不忽视首尾环节知识的情况下，重视中间环节的知识，最终使学习成绩得到了稳步提升。

教育研究者认为，在一节 45 分钟的课堂上，每分钟所讲的内容都很重要，开头和结尾的内容是具备引导和总结性质的，因此是不容忽视的关键。而中间环节是老师对该节需要讲解的定理、理论及重要知识点的深入分析、诠释的过程，所以对这一环节的重要性同样需要给予重视。

首尾记忆法的目的是让学生们不要忽视开头和结尾的内容，但这并不意味着不去重视中间部分所讲的知识。所以想要合理地安排开头、结尾及中间环节之间的关系，使学习、记忆过程做到“张弛有度、从容高效”，就应借用分段记忆法的力量。

课堂学习中的分段记忆法，将时长 45 分钟的听课流程分解为：开头引导、中间论述和结尾总结三个时段。

第一时段是开头引导时段。这一时段持续的时间为 5 ～ 8 分钟，在该时段内，老师一般会先复习上节课所讲的主要知识点，然后对本节课所讲的内容进行引导，为本节课的讲解做好铺垫。

学生们应该在复习之前的知识点的过程中，主动调整自身的注意力及学习状态，让自己以轻松的状态跟随老师的思路去回忆上节课已经学过的知识。在聆听本阶段所讲授的知识，接受老师的思维引导时，学生们还要尽量找到老师在引导过程中说明的该节课的教学要点，注意这些要点之间的联系，尽量做好学习新知识的思想准备，从而可以顺利进入第二时段的学习。

第二时段是中间论述时段。该环节是整节课里持续时间最长（25 ~ 30 分钟）、内容最多的一个环节。

在这一环节中，老师会将该节所讲的知识点，从点到线，由线到面地连接、编织成一个知识网络。在这个过程中，老师会借用板书解析例题或者以口述分析的形式将重要知识点及疑难问题一一解释清楚，并将解题思路及方法应用到具体的题目或实例上。

在这一时段的学习中，学生们应该从上一时段的轻松、被引导状态转变为专注、认真的最佳学习状态。此时学生们要将自己的思维能力充分调动起来，保持大脑的活跃，最大限度地跟上、分析及理解老师所讲解的知识，尽全力找到各个知识点之间的联系。如果可以将关键知识点和次要知识点区分开，集中精力听取、分析、理解疑难问题，那该时段的学习效果就会变得更好。

第三时段是结尾总结时段。这一时段也可以被称为收尾时段。该时段的时间要略长于开头引导时段，时间大约保持在 10 分钟。在这一时段中，老师会对整节课所讲解的知识点、重点内容做一个总结，并布置该节课的课后任务、课堂作业。如果时间允许的话，还有可能会对下一节课做一些铺垫、引导。所以在该时段中，学生们只要像引导时段那样，跟着老师的思路进行记忆就可以了。

第七章
超级记忆术的应用

第一节 解读词义的记忆法

在大多数学生眼中，语文这门学科应该是众多学科中最简单也最易学的一门学科。作为中国人的母语，我们从小就与汉语、汉字等语文知识打交道，觉得语文“简单”是人之常情。事实上，作为博大精深的汉字语言，语文是一门知识点、难点较多，且不易觉得精深的学科。想要学好语文，除了拥有一定程度的汉字阅读、理解能力，还要在日常生活中不断地积累语文知识。

语文学科中有一门比较艰深的内容——词义。在汉语中，有很多简洁的短语、短句、词语或成语，这些语句，往往只用几个词、字就能表达出非常丰富的含义。比如：四字成语，仅用四个字就能表达出含义深刻且多层次的意思。想要理解、掌握这些词语的词义，就必须找到适合自己的记忆方法。

艾能奇就对语文词义非常感兴趣，他认为这些词语、短句中蕴藏的是整个汉语语言文化的精髓。在求学期间，艾能奇就喜欢背诵、记忆一些成语，并在闲来无事的时候通过这些简短的词语去思考隐藏在其深处的意义。艾能奇有意识的识记行为，让他拥有了一个非常丰富的词语库，这个词语库使他的语文成绩一直非常优异。

因为艾能奇的语文成绩非常优异，语文老师就建议他在闲暇的时候，能够帮扶一下其他语文成绩较差的同学。艾能奇对这个任务非常感兴趣，他将自己学习语文知识、理解词义的方法整理出来，提供给其他语文学习成绩较差的同学们使用，并观察这些方法在被其他同学使用时所产生的效果。几经验证之后，艾能奇终于整理出了一套行之有效的记忆方法——词义识记法。

走上社会后，艾能奇又查阅了与词义相关的记忆书籍，他发现他所总结的词义识记法还不够完善，于是他又结合记忆书籍里面所提到的记忆知识，将识记词义的法门再次熔炼、整理，并让自己的儿子艾新星使用这种记忆方法。在这种记忆方法的帮助下，艾新星的语文成绩一直很好，的确成了他的班级里名副其实的“语文新星”。

在语文学习中，如何破解、识记词义一直是一个比较困难的学习任务。为了解决这个问题，教育科研专家们先后研究、整理、编写出了三种“巧记”词义的方法。在这些方法的帮助下，词义的理解、记忆也就变得轻松、简单起来。

这三种方法分别是：连词变句法、转换难字法、加深理解法。连词变句法是借用有些词语的特性，只需在词语的中间或者前后加上几个字，就可以将这个词语变成含义清晰、直白的短句，而这个短句就代表着这个词语的词义。

比如：“梦想成真”也可以添几个字转化成“在梦里想象的事情竟然变成真的了”；“争先恐后”也可以添几个字转化成“争着抢先走，唯恐自己落后了”等短句。这些短句所表示的含义就是词语本身的意思。

转换难字法是针对有些词语中经常出现的一个或者几个生僻、难以理解的字，这些字的存在使整个词语都变得更加艰深、晦涩了。不过，在识记这种词语的时候，只要将这一个或者几个生僻字的含义理解清楚，整个词语的词义也就很容易理解了。

比如：“妄自尊大”这个词，其中的“妄”字和“大”字就比较难以理解，通过查字典或者其他方法，我们了解到“妄”字表示狂妄、过分的意思，“大”则表示夸大，因此整个词语就是过分地夸大自己，认为自己很厉害，肆意轻视其他人的意思。

再比如：“乐嗟苦咄”这个成语中的“嗟”字和“咄”字比较难以理解，通过查字典，弄清楚“嗟”有呼唤、带有优越感地招呼他人的意思，而“咄”则表示责骂、批评的含义。那这个词语就可以解释为，高兴了就招呼，不高兴了就责骂的意思。

加深理解法主要针对那些词义蕴藏较深，不能只从字面进行理解的词语。在对这些词语进行理解的时候，就需要展开更深层次的思考。比如“掩耳盗铃”这个成语就不能简单地理解成“捂着自己的耳朵偷铃铛”的意思，而是应该进一步理解成“捂着耳朵偷铃铛的行为只能欺骗自己，因为自己虽然听不到声响，但其他人是可以听到的”的含义。

在理解有些成语的时候，还可以将成语的每一个字当作一个单独的个体，然后将这些字的顺序调换，调换之后所得的词语就是这个成语的词义。比如“深情厚谊”可以调换成“情谊深厚”，表示两个人之间的情谊非常深厚。“眉清目秀”也可以调换成“眉目清秀”，表示一个人长得好看。

第二节 借用记忆法学习语文知识

一开始，在单宇雄幼小的心里，一直都觉得“单宇雄”这个名字是特殊、雄壮且威武的。每当有人叫起这个名字，单宇雄都非常开心，对他来讲，这可能比得了心爱的玩具还要重要。单宇雄是家中独子，父母亲人对他自然是百般呵护。当然，在这个由家庭亲友所组成的小环境里，“单宇雄”这个名字也从来没有被谁读错过，但这种情况在他开始读小学后，立刻就出现了转变。

现如今，单宇雄对自己的“姓”已经是非常不满意，因为“单”这个汉字的读音多变，共有“dān”“chán”“shàn”三种读法，虽然这个汉字只有在读“单”（shàn）的时候才能代表姓氏，但难免会有人叫错。虽然姓氏是没有错的，但这种被他人叫错名字的感觉实在是让人反感。单宇雄有时候也会想，为什么一个汉字要弄出这么多的读音来？这样做不是自找麻烦吗？

也许是姓氏的原因，单宇雄从小就对语文这门学科产生了非比寻常的兴趣。因为有兴趣的支持，单宇雄的语文成绩自然远远超出其他学科，但他并不满意，他清楚地知道自己仅仅是学到了语文这门知识里的一些皮毛。别的不提，就单说多音字这一项内容，自己到现在都没有找到合适的学习方法，只能通过死记硬背这种笨办法，来识记一些考试时经常使用的多音字。

如何更进一步地学好语文知识，是一个一直困扰着单宇雄的大问题。在单宇雄的求学生涯中，这个问题显得比其他任何问题都重要。一直到单宇雄升上高中以后，他才逐渐找到了一些可以快速提高语文知识储备、学习汉语多音字的办法。

经过单宇雄的亲身实践和努力，这些可以提升语文知识储备的方法被一一验证，单宇雄也从中整理出效果最好、最直接的两种方法，这两种方法还被他用在自己以后的语文学习之中。在这两种方法的帮助下，单宇雄的语文水平突飞猛进。现如今，单宇雄不仅出版了自己的文学作品，还储备了大量多音字知识。凭借着深厚的知识储备，单宇雄开始探寻属于多音字的“专属”秘密。

教育专家认为，语文这门学科的基础是由字、词等因素所组成的，只要能够掌握更多的字与词，增加字、词的记忆量，就能不断增加语文知识的储备，强化、提升整体语文水平。在识记语文中的字与词时，可以适当地采用一种笨办法——背词典、字典。事实上，这种看似有些笨的方法就是识记字、词的最佳方法。

一说起背词典、字典，很多人可能都会大吃一惊。认为做这种吃力不讨好且背诵任务如此艰巨的事情，是十分愚蠢的。事实上，主动背诵词典、字典这件事，看似工作量非常大，但只要我们可以将这件事分析透彻，那背诵的“量”反而就没有那么“大”了。

比如，我们选择背诵《新华字典》，这本字典共收录了一万多个汉字，相对于背诵一万个英文单词来讲，背诵一万个汉字并不见得有多么困难。毕竟《新华字典》中收录的字都是国人们从小接触的汉字，在识记的时候自然也会非常轻松、顺畅。在背诵这本字典的时候，背诵者只需要按着一共80页的“部首检字表”一个字一个字地往下背就可以了。一个人每天都可以轻松背诵11页左右的“部首检字表”，按照这样的速度，大约一周的时间就可以将整本字典里的汉字全部背完。

再比如，背诵者如果选择《常用成语词典》为背诵对象，想要将这本共收录了 2000 多条成语的词典背完，背诵者只需要按照词典末尾处共 30 页的“笔画索引”表来进行背诵即可。一个人一天就可以背诵 3 页，10 天就能将整本词典里的全部内容背完。

等到将字典、词典里面的内容全部记住之后，背诵者就可以熟练掌握许多新的词语，很多原本模糊的地方也变得清楚了，有些原本被遗忘的词、字又重新记了起来，整个语文学科的基础再次被夯实。等到写文章的时候，这些词语、典故自然可以信手拈来，文采也会有一个非常大的提升。

在背诵字典、词典的时候，背诵者一定要挑选合适的、具有权威性的字典、词典，切忌盲目地规划、尝试不可能完成的背诵任务。比如，有些背诵者如果非要选择《现代汉语词典》作为背诵对象的话，那背诵的结果自然也就不言而喻了。最关键的是，背诵者在背诵字典、词典的时候，并不需要将字、词的释义一字不差地完整记下来，而是只要在背诵的时候大略掌握字、词的含义即可。

作为汉语的一大特点，多音字与人们的日常生活息息相关。在语文学科中，多音字就是该学科的一大重点、难点。想要熟练地识记多音字，学习者就需要掌握一种特殊的记忆方法——多音字组句法。

想要将多音字的含义全部弄懂，就要将该多音字在不同读音时的不同意义弄明白。比如多音字“把”字在读三声的时候有把持、把握的意思，在读四声的时候有刀把、话把儿的意思。再比如多音字“靡”字在读二声的时候有浪费、奢靡的意思，在读三声的时候有倒下、萎靡的意思。

多音字组句法就是针对多音字的这种特性，将一个多音字的不同读音串联到一句话中，这样，这个多音字的读音及含义就变得一清二楚，且易于识记了。比如“单”字，就可以组成这样一个句子：“单（dān）位里的单（shàn）大叔，特别爱说话，他一有空就喜欢给其他同事们讲有关单（chán）于的故事。”这样简单的一句话就能将单字的三个读音全部记下来。

再比如“朴”字，就可以组成这样一个句子：“朴（piáo）兄弟的性格虽然很朴（pǔ）实，但他却有一把家传的好朴（pō）刀。”还可以用更直白的方式将多音字组成的简短句子来帮助识记。比如“骑”字就可以组成：“远处奔来两骑（jì），二人骑（qí）的都是汗血宝马。”“扒”字可以组成：“他扒（bā）开扒（pá）手的手，将自己的钱包抢了回来。”

第三节 提升数学基础的记忆方法

卫灼心是小镇上唯一的一名专业会计师，精湛的业务处理能力让他在短短的几年内就挣得了一笔不菲的家业。正因为如此，也让他成了在小镇上数得着的富裕人家。卫灼心结婚后一直没有孩子，为了能够有一个孩子，卫氏夫妇可算是想尽了办法，费尽了心思。幸好上天不负有心人，在卫灼心即将50岁的时候，他的妻子给他生下了一名女孩。卫灼心非常高兴，他给孩子取了一个很好听的名字——卫红衣。

卫红衣是一个聪明伶俐的乖巧女孩，她善于察言观色，所以从小就很讨人喜欢。上学之后，卫红衣的学习成绩也非常不错，再加上她非常聪慧讨喜，因此一直都被老师委任为班级干部。一转眼，卫红衣考上了初中，即将开始新的校园学习生活。

从进入中学学习开始，卫红衣就遇到了一个很难应付的难题。卫红衣的数学成绩开始大幅度下滑，这让她非常着急。卫红衣不明白为什么会出现这种情况，她上课的时候明明一直都在认真听讲啊？其实，卫红衣的这种情况和大多数女孩子都有些类似，她们大都对数学欠缺必要的学习兴趣。相对男生而言，很多女生的逻辑思维能力都不是特别好，卫红衣正是这样的一个女孩。

在种种因素的制约之下，卫红衣只能在高中分文理班的时候主动选择了学习文科。虽然相对于理科班的数学而言，文科班的数学是比较简单的，但卫红衣的数学成绩依然不见起色。眼看就要升入高三，卫红衣也变得焦躁起来，万般无奈之下，她只好厚着脸皮去数学老师那里寻求帮助。

在得知了卫红衣的来意以后，数学老师脱口而出的一个问题让她目瞪口呆："从高一到高三的数学书一共有几册？每一册又有哪些章节？"看着卫红衣尴尬的表情，数学老师笑着解释道："只知道解题而不明白整个知识体系的分布，不能将所学的知识整理融会，不能够将题型归纳整理起来，没有牢固的基础，这就是你现在所面临的问题了。"

一番谈话结束，卫红衣若有所悟，她在老师的指导下把自己学习的重点从做题上解放出来，重新回顾之前所学的知识，将学习、关注的重点放在数学课本及数学笔记上，将各节、各章的知识重新整理、规划清楚，反复琢磨这些基础知识。即便是在做题的时候，她也是先将题目解析清楚，找出问题的关键和条件，探究该题考察的知识点，将这些全部弄懂之后，再进行解题。

卫红衣知道，这种学习数学的方法目的就在于提升数学知识的基础储备。在这种方法的帮助下，卫红衣的数学成绩取得了非常大的进步，成绩的提高也让她对数学的学习兴趣不断提升，这从根本上解决了她在学数学时所面临的难题。一年后，卫红衣以优异的学习成绩考进了重点大学，成功转型为他人所艳羡的"学习明星"。

教育专家认为，提升数学学习的基础能力是非常重要的，在提升数学学习基础的过程中，应该按照以下步骤来进行：

1. 学生应该熟练地掌握高中或者该学习阶段数学教科书有几册，每册教科书内又有多少章节，每一章节内又有哪些重点知识。掌握了这一点，数学的基础框架才能搭建完整。

2. 在掌握了基础的数学知识框架以后，学生们就应该按照基础框架的线索进行回忆，找到每一节、每一章中具有代表性的重点题型，留待下一步解决。

3. 完成第二步之后，学生就可以将数学基础框架和各个章节的代表题型结合在一起，整理归纳成数学基础学习的提纲，然后反复地记忆这些数学基础提纲知识。

4. 完成了前面的三个步骤以后，学生对数学知识基础框架和基础题型的解法已经有了一个深刻的理解，已经初步掌握了数学基础。这时，学生就可以通过大量做题，通过不同题型的练习、演算来增强对基础知识的理解，并在解题的过程中检验对基础知识的识记、熟练程度，等到将所有的基础框架、解题思路全部牢记在心以后，第 4 步也就完成了。4 个步骤全部完成以后，学生们才算真正将数学的基础知识牢牢掌握。

教育专家认为，在学习数学的过程中，除了要打牢基础，还要平衡记忆和理解的关系。所谓的数学式“记忆 + 理解”可以分为三个阶段。

1. 学生在抄写习题或者解题方法的时候，应采用“机械式”抄写法，这样做的目的是让学生们在抄写的过程中先一步熟悉、强化对知识点的理解，然后在再次复习、思考该方法和概念的时候，使自身产生一种熟悉的感觉，以“再次证明”的形式进一步加强对解题方法或知识点的记忆。

2. 在进行“机械式”的抄写之后，学生们就可以将经过自己“再次证明”的知识点、解题思路应用到做题实践之中。这一步骤不仅是对自我记忆效果的一次检查，还相当于把已经识记的内容重新拿出来，进行新的学习和理解。从某种程度上来讲，数学学习中的公式及知识点的识记，都是在这一步骤中完成的。

3. 经过解题重新学习、理解、记忆之后，学生们就可以进行第三步了。在做完题之后，学生们就应该对之前所进行的第 1、2 两个步骤及其所掌握的知识点做一个深度总结，力求可以做到心中有数，能够在解题的时候举一反三。这样一来，学生们在面对相似的问题或者题型时，只需花费很少的时间和精力，就能完成解答，极大地缩短了解题、答题的时间。

教育专家认为，学习数学还应重视三个要点。

1. 例题应重复诵读。在数学课本中，每一个例题都是学生们学习、记忆相对应的知识点、定理、概念、公式的最佳选择。所以学生们在进行数学学习的时候，可以一边诵读例题，一边自行演算，还可以将自己的演算过程放在诵读前面，演算后再进行诵读，这样才能使学生解题的能力得到进一步的提升。

2. 概念要精读。在数学学习中，每一个概念、定理都十分重要，因此学生们应该将这些定理、概念全部理解透彻。在背诵的时候，要将概念中的每一个字都搞清楚、弄明白，这样才能达到精读、背诵的目的。在对概念进行深度精读的时候，一般应该先仔细地阅读一遍，在这一遍阅读的过程中一定要做到仔细认真，等到将全部内容都搞懂之后，才可以大声背诵、识记。

3. “巧”读重点知识。所谓“巧”读重点知识的关键就在于一个“巧”字，这个“巧”字要求学生们在读到关键的数学知识时，将重点、公式、结论等内容圈出来，将自己的理解、疑问批注在课本上的空白处，读到不懂或者有疑惑的地方还要打上问号，以便于在闲暇时间里请教老师或者同学们将其解决。如果读到不懂的地方，就可以先打上问号，然后跳过不懂的地方，继续阅读下面的内容。很可能在读到后面叙述的内容或者提示以后，你就能将前面的知识也搞懂了。

在学习数学知识的时候还可以用列表的方式来帮助记忆。在数学课本中，就存在很多表达清晰明了的概念性表格，这些表格可以将具有相似性、可比性或者相反性的知识点清楚地排列出来。这种清晰明了的表现方式很容易给学生们留下深刻的印象。所以，学生们不妨在识记各个知识点的时候尝试一下列表法，通过自己列表格的方式将知识点进行归纳总结，以此来增强识记效果。

教育专家认为，学生们还可以通过写数学日记的方式来提升自身的逻辑能力及“数学智商”。那么该怎么写数学日记呢？想要写好数学日记，就要做到以下三点：

1. 在写数学日记的时候，一定要写上当天所学的数学知识点，并加上自身对所学知识的理解。

2. 在写数学日记的时候，要将容易混淆的知识点或者概念区分开来，将相同的知识重新归类。

3. 要尝试着写出学习数学知识的心得体会，或者将某个数学知识点在生活中的实际应用写在日记里，还可以将自己在学习数学时的真实心态、心理变化写在日记中。完成这三个步骤以后，写数学日记的目的也就达到了。

第四节　提升英语成绩的记忆方法

高考可以说是学生的学习生涯中竞争最为激烈的一次考试。这场考试是“残酷”的，每一年都会有很多考生因为没有考出理想的成绩而选择复读，力求在下一次高考中能够发挥正常，考出自己想要的分数，考上自己心仪的大学。每一年的复读生数量都不少，虽然各个学校接纳复读生的标准不同，但一般都会设有接纳复读生复习的班级，李婉玉就是今年众多复读生中的一员。

李婉玉和其他主动去复读的学生不同，她本来是不愿意复读的，在她看来，自己已经没有考大学的希望了。李婉玉清楚地知道，自己的英语成绩实在太差，总分 150 分的英语试卷，自己往往只能考二十几分。面对这样的英语成绩，别说是考上理想的大学，即便是一些三流学校，她的成绩都难以过关。

李婉玉的家庭条件很不错，她的父母在当地可是响当当的人物。因为李家世代经商，李婉玉的父母常年在外奔波，很少有时间可以照看她。这次李婉玉高考失利，她的父母一直很自责，他们想尽了一切办法才终于将李婉玉说服，让她上学复读，准备应对下一年的高考。

李婉玉的父母也很清楚英语是她学习上的软肋，以前夫妻二人没有时间照看孩子，现在却拿出了大把的时间和金钱来为李婉玉想办法。夫妻二人先后找了许多家英语培训机构，从这些机构中挑选了一位最专业的英语教育专家，让这名专家成为李婉玉的兼职家教，要求他务必要在高考前将李婉玉的英语成绩提上去。

这名英语专家很有责任心，他认为学习英语除了要有必要的语言环境和不间断的练习，合适的学习、记忆方法同样非常重要。李婉玉之所以英语成绩极差，就是因为她欠缺这三个因素。针对李婉玉的情况，这位专家专门为她设计了一套适合她的英语学习法。他让李婉玉在家里的家具和生活用品以及可以接触到的各种事物上都贴上英文注释，以这样的方法来潜移默化地提升李婉玉的英语水平。

除此之外，这名英语专家还给李婉玉介绍了很多英语记忆方法，在这些方法的帮助下，李婉玉的英语成绩在很短的时间内得到了大幅提升。结果，李婉玉在第二年的高考中高歌猛进，顺利考出了优异的成绩，考进了心仪的大学，并且在大学学习中将国家英语级别考试考到了最高级，还因此担任了这所大学里的新一届英语学习交流会的会长。

教育专家认为，英语作为一门语言学科，将其融入生活的细节是学会它的关键。在现实生活中，学生的英语水平参差不齐，所以学生们在将这门语言融入生活的时候，也应该根据自己的情况找到不同的侧重点。

比如：学生可以根据自身的学习情况来挑选自己最需要识记的单词或者词组，然后将写有这些单词或者词组的纸条贴在相应的事物上，这样只要自己需要使用或者看到这些事物的时候，就能马上看到相应的英文单词，看得多了，这些陌生的词语就会被牢牢地记住。

背单词是学习英文的首选方法。在课堂学习中，学生们记忆单词时使用的就是这种记忆方法。在使用这种记忆方法的时候，学生们应该先大声地朗读单词的发音，然后将组成单词的字母拆开，按拼写顺序一个字母接一个字母地读出来，这样背诵、识记的效果就会得到提升。

在背诵单词的时候，还可以根据组成单词的音节结构，将单词分解成几个相连的音节小组，在背诵的时候按照音节的先后顺序进行背诵，这样也可以起到帮助记忆的作用。背单词的时候还要探寻单词与单词之间的联系、规律，将有联系或者相近、相关联的词语联系在一起进行记忆，这样才能构建出合理的英文单词知识体系，取得强化记忆的效果。

英文单词也像汉语词语那样有着丰富多样的含义，有些单词的含义甚至多达十几种。在识记这些单词的含义时，学生们不要死记硬背，应该借用英语语境来进行记忆。在使用这种记忆方法的时候，首先要将需要识记的单词的词义一一列举出来，然后根据这个单词的每一个词义分别列出一个例句，再对这些具备不同含义的词句进行记忆。

这种识记英文单词词义的方法不仅可以很好地避免混淆，还可以让原本孤立的单词融入一个个不同的英语语境之中。在识记这些不同的英语语境中的单词时，学生的脑海中就会产生不同的影像，这些鲜活的影像可以对大脑产生更强烈的刺激，进一步加强记忆的效果，使学生可以将单词的词义记得一清二楚。

不论学生、家长还是老师，都知道识记知识的最佳时间段是在每天的清晨和每晚入睡前这两个时段。那么，在学习英语的时候应该怎样利用这两个时间段呢？教育专家认为，每天睡觉之前，学生应该将当天所学的英语知识、单词及例句分成两列抄写在空白的纸张或者笔记本上，抄写完成之后，再闭上眼睛回忆一番，然后什么都不要做，马上上床，准备睡觉。

等到第二天早晨醒来以后，先不要去做其他杂事，马上开始回忆前一天临睡前在纸张或本子上记下的单词和例句，不管记忆的效果和记忆的顺序如何，都先将回忆起来的例句和单词抄写出来，等到实在想不起来的时候，再打开昨天晚上抄写的内容，将没有记住的单词及例句找到，重复抄写两遍，就能有一个非常牢固的记忆了。

在即将考试的大复习中，英语的复习重点应该放在英语课本后的词汇表上。对英语考试来讲，这些课本后面的词汇表才是真正的基础。针对英文课本后词汇表上的单词来讲，背诵过程应该分为两个阶段：

第一个阶段在平日的学习中完成，学生们在每天或者每一个英语学习课时内背诵3页词汇表上的单词。背完之后进行默写，并将记不熟或没记住的单词标出来，留到第二天背诵。

第二个阶段的背诵过程一般在阶段性复习或者大复习的时候完成。在这个时候，学生们每天或者每一个英文学习课时应背诵8～10页词汇表上的单词，背完之后马上进行默写，将没有记住的单词记在随身携带的小本子上，尽量做到随时随地进行记忆。当然，学生也可以根据自己的情况来安排每天的背诵量，只要在背诵结束后记得随时抽查、默写，重新记忆没有记住的单词即可。

在英语学习中同样有大大小小的难点。比如说：很多动词和介词短语的意思和原动词、介词的意思是不同的。在这种情况下，学生们就应该使用摘录法来解决问题。英文学习中的摘录法应该这样使用：准备一个专门的英文笔记本，在本子内写上动词短语、介词短语、名词短语及其他短语几种分类。然后将平时出现、使用频率高、搭配多、易混淆的短语及中心词写下来，放在各自分类的后面。

学生在抄写完成之后，就要对这些写在笔记本上的词汇加以整理，在今后阅读的过程中遇到的相关短语也要及时摘录到合适的地方。学生们还可以在每一个短语后面造一个简短的例句，复习过程就会因此变得更有条理。

语法在英文学习中同样是一个难点，想要有一个好的英语成绩，语法必须要过关。怎样学好英语语法呢？我们可以通过以下三个步骤来达到目的：

第一步，诵读语法书籍。学生们可以借用寒暑假的时间来诵读一本简单的英文语法书籍，即便是粗读一遍，都可以使这些语法知识在自己的脑海里形成一个知识体系，以此来加深自身对语法知识的理解。

第二步，诵读语法书籍之后，学生们就可以通过大量的习题练习来找到自己的语法知识薄弱点。比如：可以将配套的练习册从头到尾地做一遍，做完之后对照一下语法书籍，就能找到自己在语法学习方面的薄弱点。

第三步，做过习题之后，学生们还应该将语法书籍随身携带，将这本语法书当成字典来使用，每当遇到自己不能解决的语法问题，就可以将这本语法书拿出来查询解决问题的方法。如果可以的话，要尽量将语法书上的目录牢牢地记在心里，以便于缩短查阅时间。

背诵英文课文同样有专门的记忆方法，这种记忆方法分为五个步骤：

第一步，在背诵前先不要着急打开书本，而是应该将需要背诵课文的录音调出来，将与课文内容相对应的录音认真地听一遍，听的时候要集中精力，尽量在脑海中将听到的英文转换成汉语意思。这样过一遍之后，就能在脑海中留下第一印象（中文形式的印象）。

听过第一遍之后，要继续听第二遍。这一遍，要将精力放在录音中的英文词句上，在脑海中尽量回忆听到的英文词句是由哪些单词所组成的。一遍结束之后，学生就能在脑海中留下第二印象（英文形式印象）。

留下这两遍印象之后，就可以进行第二步。这一步要求学生打开书本大声、反复背诵课文，而且一定要朗读到比较流畅的水准。可以流利地朗读之后，就应该进行第三步。在这一步里，学生需要合上书，在心里默默背诵课文内容或者在纸上默写课文，在回忆的时候，可以按照这篇文章中的时间、地点、人物、事件经过、结果等因素来进行回忆，并将回忆起的内容翻译成英文。

回忆结束之后，就可以进行第四步。在这一步，学生可以将书本打开，重新朗读课文内容。在这一步的朗读中，要将自己刚才回忆时的错误找出来，将这些记错的内容当成此次背诵的重点，力求做到完美记忆。完成前四步之后，就可以进行最后一步——合上书，背诵全文了。

在识记英语的时候还可以借用色彩来提升记忆效果。这种方法其实就是在英语学习的过程中，使用不同颜色的笔来标注知识要点。这样就能用不同的色彩来达到刺激醒目的效果，并以此来提升学生的记忆能力。

在使用这种方法时候，可以根据自己的喜好选择自己想要的颜色。在进行标注的时候，可以用画波浪线、标注三角符号、画单双线、齿轮线等线条及符号来完成。标注完成之后，这些知识点在黑白相间的课文中异常醒目，可以在学生复习的时候起到很好的引导、帮助作用。

学生还可以在复习过标注的重点知识以后，用黑色的笔将彩色的标注符号、线条涂掉，这样不仅能让学生们清楚地掌握自己复习的进度，还可以让学生将注意力集中在没有复习到的知识点上，提高学习效率。

第五节　解决物理难题的记忆方法

穆淑兰和尤冉是很要好的朋友，两人从小学开始就在一起上学，在同一个班级，又是同桌，这使得她们比亲姐妹还要亲密。升上初中以后，学业日渐繁重，尤冉打小数学成绩就不好，每次考试都考得一塌糊涂，这是她最烦恼的事情。穆淑兰和尤冉的情况稍微有些不同，她的数学成绩还不错，但她的物理成绩一直很差。

有一次，穆淑兰和尤冉两人看到了一篇关于古人刻苦学习的文章，这篇文章让两个小女孩很受触动，她们决定相互鼓励、帮助，一起将落下的功课补上去。尤冉的数学成绩不行，使得她的物理成绩也很差，显然她要下的功夫比穆淑兰更大一些。尤冉和穆淑兰的年龄毕竟还很小，在没有他人帮助、指导的情况下努力学习，只能使用死记硬背、硬啃书本的笨方法。

因为穆淑兰的数学成绩有一定的底子，所以她当前最要紧的就是将物理成绩提上来。于是穆淑兰就一直坚持背诵、朗读、研究物理课本，她的行为在无形中影响到了尤冉。尤冉一开始是先攻读数学的，但受到穆淑兰的影响，她就先丢掉数学，转而攻读物理。两人坚持不懈，相互鼓励，努力学习了好几个月。时间在刻苦学习的时候总是过得很快，一转眼，就到了期中考试的时间了。

考试前两人都信心满满，但考试的结果让二人十分丧气。尤冉这次考试的成绩虽然比上次稍微好了一点，但成绩提升的程度十分有限，完全与她刻苦学习时付出的努力不对等。穆淑兰的情况要比她稍微好一些，但她的物理成绩也没有得到明显的提升，这让两个人非常懊恼，各种接踵而来的负面情绪差点击垮了她们的信心。

为了能够在期末考试的时候考出一个好成绩，穆淑兰和尤冉咬牙决定去找其他学习成绩优异的同学请教。在物理、数学成绩优异的同学那里，两人或多或少地得到了一些“指点”，但这些指点还远远不够。两人又找到了任课老师寻求帮助，在老师的帮助下，她们终于找到了问题的症结所在。

物理老师告诉她们，学物理只靠死记硬背是不行的，物理的研究基于数学，物理中的很多运算都必须借用数学知识，所以想要学好物理，首先要有一个不错的数学基础。尤冉的数学成绩很差，所以应该先将数学基础补好，然后再解决物理问题。穆淑兰的数学成绩虽然还可以，但物理的学习、提升，不需要太多的死记硬背，这门学科更需要清晰的思路、大胆的想象和巧妙的方法。

在老师的建议下，穆淑兰和尤冉都找到了自我提升的可行方法。在学习的过程中，两人还使用了许多巧妙的记忆方法。在这些合适的记忆方法的帮助下，两人的物理、数学的学习过程也变得轻松简单起来，一段时间后，二人的学习成绩都迅速得到了提升，还先后荣获了“学习标兵”这一荣誉称号。

教育专家认为，物理这门学科可谓中学学习中最难以理解和学习的一门。导致这种结果的原因有两种：第一，物理与数学息息相关，数学成绩差，物理就很难学好；第二，物理是探究万物原理的学科，因此其知识体系中有很多知识点都描绘得非常抽象，在学习的过程中也就需要很强的想象力。

那么，到底该如何学习物理知识呢？学物理首先要做的就是打牢数学基础，然后要形成学习物理知识的思路。那又该如何形成学习物理知识的思路呢？学生们首先应该在课堂上学习、掌握老师的思路。一般情况下，学生们都应该养成记课堂笔记的学习习惯，在物理课上，课堂笔记上记的就是老师教授物理知识时的思路。只有在课堂上努力跟上老师的思路，尽量将这种思路记在自己的脑海中，才能慢慢地将这种思路转换成自己的思路，以此来提升自己学习物理时的效率。

有些同学在记忆了老师讲课时的思路以后，就会发现老师讲课时的思路一般是有详也有略的，这些“详细”和“含混”的地方很可能与学生的思路不同，学生接受、吸收的时候也会出现一些问题，老师的思路就变得艰涩、难懂起来。这个时候学生应该通过学习课本、书籍上的思路来作为补充，尽量使自己的思路可以前后贯通、更加清晰。

比如，学生们可以阅读《中学生物理报》等报纸，通过报纸上讲解的思路和方法，将课堂上没有弄懂的地方搞清楚。这种借助书籍、报刊的方法，目的性非常明确，很容易让学生在这些书刊中找到自己想要的答案，慢慢地就将书刊中的思路转变成了自己学习物理时的思路，从而逐渐形成物理学习中的良性循环。

在做到以上两点以后，还应该借鉴其他同学的思路。如果班级里的学习风气很不错，学生们彼此之间都愿意互帮互助，学生与学生之间进行的学习探讨就很有意义了。要知道，同龄人之间的想法和思路是很容易被另一方所理解、接受的，在同学的帮助下，自己学习物理知识的思路就会更快、更顺利地形成。

最后，学生们只要将出题者的思路搞懂，就算是彻底将“学习思路”方面的问题搞定了。学习物理知识的目的当然是解题，学生们应该与出题者进行换位，设身处地想问题。只要将出题者的出发点，出题者使用了哪种知识点，在哪里故布疑阵，又有何目的搞清楚了，就等于将出题者的思路搞懂了，如此一来，解题的思路自然也就变得清晰明了了。

抽象、逻辑严密的物理知识点同样是物理学习中的一大难点。物理书本中的黑体知识点是物理学习的基础，如何识记这部分知识自然也非常重要。教育专家认为，识记物理概念的时候，应该做到以下几点：

1. 应对物理概念进行归纳、总结、比较。在记忆物理概念的时候，学生们可以将同一类型的物理现象的共性找出来，将不同的地方进行比较，然后做一个总结，这样就能加深对物理概念的理解。

2. 虽然物理概念是抽象的，但物理概念描绘的是世间万物运行的规律，在识记这些概念的时候，可以将概念融入实际的事件、实例中加以理解、记忆，这样就能将物理概念牢牢地记在脑海之中。

3. 准备一张白纸或者一个笔记本，将物理学习中经常遇到的容易混淆的知识点整理记录下来，在记录的时候，每张纸上只能记录一个物理问题，千万不要将两个问题记在一张纸上。记录完毕之后将该问题相关的知识、考题、解题方法、学习心得等写在问题下面。用这种方法来加深对概念的理解和识记。

在物理学习中，老师或者课本上也会总结一些简单、上口的知识口诀，这些口诀容易识记，也容易引起学生们的联想，所以在学习物理知识的时候，学生们可以自己进行尝试，将物理知识点整理编写成口诀，以此来帮助识记。

比如：在识记静电场中有关的电场强度、电场力、电力线、电场力做功及电能变化，电势大小与电力之间的关系时，就可以归纳出这样的口诀：电场力的方向，场强方向，正电荷同向，负电荷反向；电场力做正功，电势能减少，做负功增强，电力线方向与电势降落方向相同。

学习物理知识还要学会抓住重点。在抓重点的时候，学生们首先要识记一些典型的物理事例，以此来帮助记忆。比如：物体的重心有可能不在物体上，圆环就是其中的典型代表。再比如：卫星运行的各种参数与卫星的质量、体积、速度等因素无关，同步卫星就是其中的典型代表。

学生们还可以通过物理现象来增强自身对物理知识的理解。比如：物理课本中的蒸发是需要吸收热量的，学生们就可以通过在自己皮肤上擦酒精，然后明显感到有凉意的现象来帮助自己理解。还可以通过喷雾器来解释空吸现象，通过彩虹、霓虹灯来解释光的色散现象，等等。

学生们还可以用历史实例来帮助识记物理知识。比如：学生们在识记阿基米德定律的时候，就可以通过联想阿基米德在洗澡的时候找到了检验皇冠是否是纯金的方法来加深对该定律的印象。学生们还可以通过各种设计好的实验仪器或者设备来进行实验、分析，这种动手操作、亲自观察的行为对记忆的帮助非常大，识记的效果自然就很好。比如：凸透镜成像的实验就可以帮助学生们记忆凸透镜的原理。

虽然学物理不提倡死记硬背，但并不意味着物理知识是不需要背诵的。学生们在记忆一些必须背诵的知识点时，应该借用“说背”的方法来进行背诵。这种记忆方法需要学生将课本上的所有黑体公式、定理、定义、例题都背诵下来，然后在做题的时候按顺序说出题目、念出求解，说出题目中已知条件和未知条件，最后找出解题的思路。

第六节　提高化学成绩的记忆方法

徐兆兴最近很烦恼，他觉得自己是真的昏了头。分文理科的时候，徐兆兴遵循父母的意愿选择读理科。事实上，这也是徐兆兴自己做出的选择。徐兆兴从小就非常排斥背课文这件事情，这也让他的文史成绩变得一塌糊涂。在徐兆兴看来，能够读理科是再好不过的事情，可等到上过两节化学课以后，他就开始长吁短叹起来，还经常一个人神神道道地说道：“看来自己还是没有从背课文这个‘魔爪’中逃出来的希望啰！”

文理学科已经选定，徐兆兴也没有其他好的办法，而理科中的背诵量毕竟是远远小于文科的，所以徐兆兴决定咬咬牙克服困难，总不能临场退缩，做个逃兵吧。徐兆兴的父母对他的学习虽然一直很关心，但他们都是理科班出身，这让他们很相信徐兆兴的理科能力，并不认为他会在理科学习中遇到无法逾越的障碍。

徐兆兴是一个肯下功夫的人，虽然不太喜欢文科，但他从小到大背诵课文的经历也不少，将其整理一下也称得上是一些学习经验。在学习化学知识的时候，徐兆兴就按照儿时背课文的经验一点一点地“啃”。对徐兆兴来讲，这也是学化学的唯一办法了。时光匆匆，一个学期过去了，期中考试的成绩出来以后，徐兆兴的脸色就一直很难看，他的化学成绩的排名竟然是班级倒数！这让他难以接受。

晚上放学回家以后，徐兆兴的母亲很快就察觉到了儿子的异样，在她的亲切询问之下，徐兆兴一五一十地将自己在学习中遇到的困难讲了出来，看着儿子满脸灰心丧气的样子，徐兆新的母亲只是劝了句“慢慢来，别多想”，然后就起身离开了。等到徐兆兴一个人在客厅里待了小半个钟头以后，徐兆兴的父亲才慢悠悠地端着茶杯走进了客厅。

看到徐兆兴的情绪已经基本稳定，徐父直截了当地开始了这场父子谈话。徐父先向徐兆兴问了几个问题，大致了解了他在学习化学时的状态，然后又问了他学化学时所使用的方法。

全部弄明白之后，徐父才告诫徐兆兴道：“化学可谓理科中的文科，你下功夫背诵是没有错的，但你背诵时选择的方法不对，而且你还忽视了化学知识里上下之间的关系、体系。化学知识看起来很多、很杂，但其实各个知识块之间的联系是非常紧密的，很多看似并列的知识点实际上是上下递进的关系。而且你对化学实验也不太上心，经常忽视化学实验的步骤和内容，只知道死记硬背定理、概念，这样是不可能学好化学的，这就是你学习时遇到的症结了。”

徐父将徐兆兴遇到的问题剖析清楚以后，又帮他摆正了学习化学的心态，还将自己当年学化学时经常使用的几种方法总结出来，教给他使用。在徐父的帮助下，徐兆兴慢慢掌握了学习化学知识的方法，一步步将化学知识体系和化学规律熟练掌握，成功地将化学成绩提了上去，成了班里化学成绩最优秀的学生之一，并在第二年担任了所属班级的化学课代表。

教育专家认为，想要学好化学，首先就要掌握国际化学通用语。所谓化学用语，就是用来表示物质结构和变化规律的简明语言，这种化学术语能够在学生学习化学知识的时候起到非常大的作用。那么，该如何掌握化学用语呢？

想要掌握化学用语，就要做到以下几点：

1. 首先要规范使用化学用语。比如，化学元素符号是化学用语中的基础用语，这种用拉丁文来表示化学元素的固定符号，在使用及书写的时候一定要按照第一个字母大写，第二个字母小写的要求严格书写。同样，在使用其他化学用语的时候，学生们也要像使用元素符号那样严格、规范。

2. 学生们应该掌握化学用语的分类。比如：表示元素或原子的元素符号、表示离子的离子符号、表示原子结构的原子结构示意图、表示物质及其组成的化学式、表示化学反应的化学方程式、表示电离子过程的电离子方程式等分类。

3. 学生们还应该通过化学符号理解该符号所代表的含义。比如：在一个离子或者原子示意图中，代表化学元素的字母后边的小圆圈、圆圈内的数字、圆圈后面的弧线、弧线上中间的数字都具备自身的含义，一定要清楚、明白地掌握这些意义。

化学用语就相当于化学知识的基础，就像汉语词语和英文单词一样，只有在学习的时候将这些基础知识完全掌握，才能在学习化学这门学科的时候做到事半功倍，才能攻克化学这门学科中的其他难题，真正将化学知识掌握、铭记在脑海里。

在识记化学方程式的时候，还可以借助各种有意思的成语来帮助记忆。比如，很多学生在学习化学知识的时候都会将化学教材中的四大反应：分解反应、还原反应、置换反应和化合反应的化学方程式搞混，在这里我们就可以将其转换成相对应的成语来进行记忆，整个记忆就会变得有趣且高效。

比如：分解反应是由一种物质生成两种或者两种以上物质的反应，这种反应的化学方程式一般表示为：AB=A+B。这个方程式不就是将一个整体AB转换成为零散的A+B吗？所以就可以用“化整（AB）为零（A+B）”这个成语来帮助记忆。

再比如：两种或者两种以上的物质生成一种物质的反应被称为化合反应。这种化学反应的方程式一般表示为：A+B=AB。A 和 B 本来是两个互不相干的单独元素，但两者经过反应以后就变成了一种稳定的新元素，正好可以用“水乳交融”这个成语来形象地比喻这个反应，只要想到这个成语，就自然可以想到与之相对应的化合方程式。

由于化学这门学科的基础知识比较零碎，所以老师在课堂上所讲的知识点也比较多、比较散，这就导致很多学生的化学笔记都是按照上课时间的先后顺序来进行记录的。但按照这种方式记录的化学笔记在复习或查阅笔记的时候不但会显得非常混乱、繁杂，而且还会浪费大量的学习时间。

因此，学生们在记录化学这门学科的课堂笔记时，就可以先选择一个活页笔记本，在每一页上只记录同一类的化学知识，这样就可以按照自己的区分标准或者章节顺序将平日里学到的化学知识分门别类地记录在笔记本上，井然有序的笔记自然也易于随时查阅或添加新的知识。

在学习化学知识的时候，学生们还可以充分发挥想象力，将有些化学知识编写成生动有趣的谜语来帮助记忆。比如一氧化碳的方程式是 CO，就可以编成这样的谜语：“左侧月亮弯弯，右侧月亮圆圆，弯月能点燃，圆月可助燃，有毒没有味儿，还原也能燃。”这样不仅增添了学习的趣味，还使记忆的效果变得更好。

在识记繁杂的化学知识时，学生们还可以先把知识点理解透彻，然后选择定理中的关键词、字来进行记忆，可以将这些关键的词、字整理成一句话，或者将这些词、字整理成几个要点，然后填写在表格当中，以此来帮助识记。

在学习化学知识的时候，还可以使用“专题总结”的办法，这种方法要求学生们在平日里的学习中，寻找掌握不完全或者没弄懂的化学知识点，一旦找到这些缺漏，就马上将相关的化学知识整理成一个专题。学生们在整理的时候一定要充分调动从课本上学到的知识，这样不仅可以将不懂的知识搞懂，不熟悉的知识弄熟，还能构建起完整、顺畅的化学知识体系，使学生对化学这门学科有一个清晰、完整的了解。每一次专题总结的行为，都相当于重新、细致地将化学知识复习了一遍，这种学习方法的效果自然是非常好的。

第七节 提升历史成绩的记忆方法

孙家是一个大家族，整个家族的叔伯姐妹们加起来有好几百人，孙家一直秉承了宗族的传统，家族依然保留有“族老”这个职位，虽然“族老们”不再管理事情，但他们在家族中的辈分和威望依然很高。孙闫然是孙家的长房长子，这个身份要是搁在古代，那可是继承孙家产业的唯一继承人，只不过现在社会中不再流行“长房长子”这个说法，这个身份也就像“族老”那样失去了本该拥有的作用。

孙家本是耕读传家，近些年随着社会的潮流，很多家里人都下海去做生意，把“耕”彻底丢掉了，不过这个“读”一直是孙家的传统。每隔三年，孙家都要举行家族内部的文学比试，以此来激励后代子弟。每次测试的头名可以领取一份非常丰厚的奖品，并且会将头名的名字填写进供奉在祠堂内的《状元册》里。孙家的孩童们人人都想得到这份奖品，在每三年一次的祭祖大会上大大地出一次风头。

孙闫然的学习成绩一直不错，他已经连续三次在祭祖大会上夺得榜首，这让他成了其他孙家人眼中的“文曲星”。对孙闫然来说，他更在意的是那一笔丰厚的奖励，为了能够将这笔奖励牢牢地控制在自己手中，孙闫然毅然而又决然地选择了读文科。对于孙闫然的志向，孙家长辈是非常支持的，但是孙闫然的求学生涯并不顺利。

孙闫然被历史这门学科难倒了，他从没有想到高中历史需要背诵这么多内容，厚厚的几本书里，大量的人名、地名、年代、政策、事件让他头昏脑涨。即便是花工夫将这些知识记下来，还是不足以应付考试，他还要将历史教材中的小字部分、选读部分，甚至是注释部分全部记住。这样一来，学历史可就成了一件苦差事，整天背得头晕眼花不说，学习的成效还低得很，这种完全不对等的回报，让孙闫然万分沮丧。

好在孙闫然性格活泼，他积极地调整了自己的学习心态，并四处寻找历史学习的可行方法。为了能够找到适合自己的学习方法，孙闫然废寝忘食地查阅资料，他甚至还主动请求自己的父亲帮忙。在父亲的帮助下，孙闫然林林总总地找到很多记忆方法，他并没有贸然使用，而是又找到了历史老师，在历史老师的帮助下，挑选了几种最适合历史学习的记忆方法。

在这几种记忆方法的帮助下，孙闫然识记历史资料的效率果然得到了飞速提升，历史成绩也突飞猛进。大量史实、史料不但丰富了孙闫然的人生阅历，还让他在为人处世的时候显得更加成熟稳重，慢慢折服了其他孙家少年，以其独有的个人魅力，成了孙家新一代的领军人物。

教育专家认为，在学习历史学科知识的时候，可以借用一些数学中的思维方法，这样还可以使历史知识的识记变得更加高效。比如几乎所有的历史事件都可以总结成一个公式：事件 = 时间 + 地点 + 事情的经过 + 事件的结果 + 后续产生的影响，在识记历史事件的时候就可以按照这样的公式进行识记。

历史人物也可以用数学公式进行表述，例如历史人物 = 所处朝代 + 担任职务 + 有何作为 + 历史评价。历史文献也可以用公式进行表示，例如历史文献 = 作者 + 完成著作的时间 + 作品的内容 + 对时代的影响。历史中的重大会议也可以用公式的形式进行表示，例如历史重大会议 = 举行会议的时间 +

地点 + 参加会议人物 + 会议的内容 + 对时代产生的影响。

历史上签订的条约也可以用公式来表示，比如说历史条约 = 签订的时间 + 地点 + 签订者的身份 + 条约内容 + 产生的时代影响。历史上的重大改革也可以用公式来表示，如重大历史改革 = 改革时间 + 主导人物 + 改革内容 + 产生的时代意义。历史上发生的重大战役也可以用公式表示，如重大战役 = 发生时间 + 作战双方 + 战斗的经过 + 战后产生的影响。

在学习历史知识的时候还可以使用数学计算的方式来记忆历史年代，比如说使用“数字平方法”来记忆历史年代。如波斯在公元前 525 年征服埃及，这个公元前 525 年的前一个数字的平方数正好与后面两位数字的数值相等；636 年，阿拉伯帝国与拜占庭发生会战，这次会战的时间同样可以用“数字平方法”帮助识记。

在记忆历史年代的时候，学生们还可以通过寻找数字特征的方法来帮助识记。比如有些历史年代的数字是对称的，如公元 383 年的淝水之战，1616 年的后金建国，1818 年马克思诞生，1919 年“五四运动”，等等。这些年代的数字都有重叠的特征，在识记的时候可以特别注意，记忆的效果也会更好。

很多历史事件发生的时间也有规律，如果学生们可以在学习的过程中充分调动思维，找到这些历史年代或者事件时间之间的规律，也能取得帮助记忆的效果。比如说 1901 年签订的《辛丑条约》、1911 年爆发的辛亥革命、1921 年中国共产党的成立、1931 年发生的“9·18”事变、1941 年发生的皖南事变之间的时间都恰好相差 10 年，学生们只需记住其中任意一个时间，就可以将其他几个时间推算出来。

再比如说隋朝统一全国的时间是 589 年，29 年后，也就是 618 年隋朝灭亡，而这个时间也是唐朝建立的时间。李自成于 1644 年攻破北京，崇祯吊死煤山，这标志着明朝灭亡，明朝国祚 276 年，用 1644 减去 276 就是明朝开国的时间。清朝国祚 267 年，用 1644 加上 267 就是清朝灭亡的时间。

识记历史知识的时候还可以将大段的识记内容“浓缩”成一些具有代表性的关键词、字或短句，用这样的方法减少大脑识记的知识总量，使记忆的效果更佳。比如隋唐时期开创性地提出了科举选官的制度，这种制度所产生的历史影响在课本上有很大一段，在识记的时候就可以利用“浓缩法”将大段史料缩减成“打破门阀垄断、提高人才素质、加强中央集权、扩大统治基础”这样几个短语。在答题的时候，学生需要将这几个短语适当地加以补充，就可以给出正确的答案了。

在需要识记的历史知识中，还有很多地名、人名、战役的先后顺序，也可以使用“浓缩法”进行浓缩。比如说中国近代史上清政府所签订的一些条约中开放的港口极多，在识记这些港口的时候就可以使用“浓缩法”。

这里我们就以《马关条约》为例，该条约共割让台湾岛及附属岛屿、澎湖列岛、辽东半岛等岛屿给日本，可以将这些岛屿的名称按顺序浓缩成“台澎辽”。开放的口岸有沙市、重庆、苏州、杭州，可以浓缩为“沙重苏杭”。

在学习历史知识的时候，学生除了需要识记各种重要知识点，还应该主动理清历史发展的脉络，将历史事件的前后线索搞清楚。想要做到这一点，学生们就应该学会构建自己的历史知识体系，将自己已经掌握的知识从上到下地整理一遍。整理历史知识的时候，学生们可以列一个大表格，将历史知识清晰、明确地表示出来。

在这里，我们以中国古代的历史发展为例。首先，先要找到一张大纸，在纸的最上方依次写上“原始社会、奴隶社会、封建社会的初期、封建社会的发展期、封建社会的高峰期、封建社会的衰落期”六项内容，然后用竖线将这六项内容隔开，在每项内容的下面写上该社会时期的时间及特征，然后用横线隔开。

在纸的纵栏上，学生要依次将每个时期经历的朝代，朝代的起止时间、朝代的特征以及该朝代具有代表性的知识填写清楚。在填写的时候，还应该在每个朝代的末尾留下空白处，以便于日后添加新的历史知识。

学生在构建自己的历史知识框架的时候，最应该借鉴的就是历史教科书的章节目录，这些章节目录是历史发展的“大框架”，只要将这些东西记住了，历史知识的整体框架就基本搭建好了，学生们只需要在各个大框架下面填充相对应的历史知识就可以了。

在构建历史知识网络的时候，学生们不仅要注意各种知识间的纵向联系，还应该关注知识间的横向联系。只有将横向、纵向全部串在一起，整个历史知识的网络才算是构建完毕。在处理历史知识的横向联系时，学生们应该充分发挥自己的联想能力，比如说在记忆我国2006年的国民生产总值的时候，就可以联想一下美国2006年的国民生产总值及其对世界有何影响。

在学习历史知识的时候，同样可以编撰一些脍炙人口的口诀来帮助记忆，比如常见的我国古代朝代名称的口诀。在编撰口诀的时候，一定要严格按照历史史实进行编撰，否则只能起反效果。

第八节　提升地理成绩的记忆方法

刘永正是一名高中地理老师，他非常清楚地理知识在高考中所占据的地位。近几年，由于高考实施“三主科 + 大综合”的考试模式，文科大综合中的题目多以地理知识为答题“平台”。因此想要考好大综合，学生就一定要将地理题答好，这也就要求学生们必须拥有非常广博的地理知识面。

地理可谓文科中的理科，这门学科不仅有大量的知识需要识记，而且还需要学生拥有缜密的逻辑思维。很多文科生在学习地理知识的时候都感到十分吃力，即便拼命识记，记忆的效果也非常不好，这就让地理成了一门充满挑战的学科。

大部分学生都会被地球、地图、东西南北等问题搞得晕头转向，在解题的时候经常将方向搞错，把时区、时差、地名搞混，这样一来，辛苦计算得到的结果也就不可能是正确的答案了。对文科生来讲，每堂地理课都是一种折磨，花样繁多的知识让人难以理解，自然也就不可能将地理学好了。

作为一名非常有教学经验的老教师，刘永正很快就找到了导致学生地理成绩差的根本原因，他清楚地知道想要让学生们将地理知识学好，就必须教给他们一些有效且有趣的记忆法门，只有借用一些有趣的识记窍门，才能让学生们发自内心地对地理这门学科产生兴趣，才能真正将地理知识学会、学好。

教育专家认为，学习地理知识的首要任务就是认识地名。地名对于地理这门学科来讲是非常重要的一项内容，它就像英文中的单词一样，可以说是学习地理知识的基础。只有将地名牢固掌握，才能轻易地在地图上找到它们的位置，才能打开地理知识的大门。

那么该怎样识记地名呢？本书在这里为大家提供几种简单的记忆方法。

1. 在识记地名的时候要学会划分地名层次，区分地名。地理课本中的地名是非常多的，学生在识记这些地名的时候应该先根据这些地名的重要性，将它们分成三个层次，再依次进行识记。

第一层次的地名是最基本、最重要的，这些地名包括世界上的各个大洲、大洋、主要的河流湖泊、高山海峡、大型岛屿或半岛、边缘海、主要的地形区、中国的省级行政区及简称、中国的地形、中国的河流、中国的湖泊、中国的岛屿、中国的山脉、中国的邻国、中国的主要地形区等地名。

二级地名的重要性次于一级地名，这些地名主要包括课堂上重点提到的世界各国的首都名称、港口城市、重要地形、资源产地，我国的重要城市、资源产地、农业基地、旅游胜地，等等。

三级地名的重要性很低，学生们不需花费时间进行识记。

2. 在识记地名的时候一定要结合地图。地名与地图是不可分割的两个部分，学生们在学地名知识的时候，一定要主动结合地图，找到该地名所代表的区域，熟悉该区域的形状，并关注该地名周边的“邻居”，找到它们之间的关系。

3. 在识记地名的时候，还可以探寻这个地名的历史及起因，为什么要叫这个名字？这个名字的由来有哪些典故？在这些故事的帮助下，地名的识记会变得更为容易。比如：死海之所以叫死海，是因为其含盐量太高，水中及周边没有生物生存而得名。

在识记地名的时候还应该将地名的音、形、义结合起来，发现地名中的特征及其深层次的含义，使记忆的效果更佳。比如：古人将山的南面称为“阳”，山的北面称为“阴”；水的南面称为“阴”，水的北面称为“阳”。在理解了这些含义以后，学生们就可以清楚地知道衡阳是在衡山的南面，山阴就在会稽山的北面；洛阳在洛水的北边，江阴在长江的南边。

很多地名是根据位置的相对关系而设置，比如：河南、河北、湖南、湖北、山西、山东、淮南、淮北等。有些地名则与其所处位置相关，比如河口、山口、湖口、汉口、滨海、滨河等。还有的地名是反映当地的经济及生态特征，有的是反映人文特征，等等。

在识记地图地形的时候，学生们还可以充分地发挥想象力，将国家、省区以及河流的形状、轮廓想象成各种各样的图形，借用这些图形来增强记忆效果。比如，非洲大陆整体的轮廓就像是一个梯形和三角形叠加在一起，而意大利的轮廓则像是在一个高跟鞋前面放了一个足球。我国省市里的青海省的轮廓看起来像是一只兔子，黑龙江的轮廓看起来像是一只天鹅，江西省的轮廓又像是古代女人挽起的发髻。

在学习地理知识的时候，一定要勤看地图，不会看地图的学生永远也学不好地理这门知识。学生在识记地图知识的时候，不用死记硬背，只要能够经常翻阅、查看地图，就能将地图上的轮廓大致记在脑中。

学生应该在看新闻或者听到地名的时候，立刻回想起这个地方的地图，如果想不起来，就要拿出地图查看。学生还可以在自己的卧室内挂上一幅中国地图，一幅世界地图，有事没事的时候都可以盯着这幅地图看。这样慢慢就能在脑海中形成很好的地理空间概念，将地图知识牢固掌握。

第九节 提升政治成绩的记忆方法

在所有的学科中，政治可以说是最枯燥的一门学科。学生们在学习政治知识的时候，通常只能通过“记”来达成学习目的。对绝大多数学生而言，是很难对政治产生学习兴趣的。在政治课上，政治老师一般都会留给学生大量的时间来背诵政治知识，有些老师甚至会讲一节政治课就留一节背诵时间，要求学生们像背课文那样背诵政治知识。

通常情况下，学生们往往都能通过强记硬背完成老师安排的背诵任务，但背诵结束或者老师检查过后，经过记忆的政治知识就会被遗忘很多。

木心程就经常遇到这种情况。他每一堂政治课都会认真听，在课下或者背诵课上也都认真识记，也能够在老师检查或者自己检查的时候完成背诵任务。但是过一段时间之后，这些背过的知识点就会被遗忘掉，这也使得他的政治成绩一直不怎么好，政治也成了他升学路上的“拦路虎”。

为了解决这一难题，木心程想了许多办法，但这些办法都没有产生任何效果。为了能够将政治这个大难题解决掉，木心程的家人在他放暑假的时候把他送进了当地一家有名的政治考前辅导班，接受为期两个月的培训。培训结束后，木心程的政治成绩有了大幅度提升，只要是他背诵过的政治知识，记得都非常牢固，完全可以做到轻松应对政治考试。为此，木心程非常感慨，他怎么也没有想到，只要正确、合理地选择记忆方法，就能轻松达成记忆目的。

作为文科中的一门学科，很多学生在学习政治知识或听课的时候都不会准备演算纸。其实，在学习政治知识的时候，演算纸可以发挥非常大的作用。在听讲的时候，学生们应该在身边准备一些演算纸，每当老师讲到重点、难点、考点的时候，学生们就可以像写提纲那样将这些知识点写下来。

一节课结束之后，学生们还可以将自己写好的内容整理出来，拿去和教材做对比，看一看自己写下的知识点是否有遗漏，有没有写错的地方，有写错的就应立即改正。查看完毕之后，还要给自己写的内容打一个分，可以自己打，也可以让其他同学或者老师打。学生还应将每一节课上记录在演算纸上的内容保存起来，并定期加以整理排序，在考前或者需要复习的时候则可以拿出来作为重要的参考资料。

在对政治知识的学习中还应该使用关键词记忆法，这种记忆方法非常适合政治知识的学习。比如：学生在识记邓小平提出的“三个有利于”的知识点时，只需要记住 “生产力”“综合国力”以及“人民生活水平”这三个关键词，就可以将这个知识点完整地回答、复述出来了。

在识记政治知识的时候，学生们还可以充分开动脑筋，将有些政治观点和成语、谚语联系在一起进行记忆。用这些脍炙人口的成语、谚语来达到帮助识记的目的。不过，在选择谚语、成语的时候，一定不能将两者勉强拼凑在一起，谚语或成语的含义应该和政治观点的意思相符，不能胡乱编造；在选用谚语或成语的时候要优先选择自己熟悉的，这样才能起到帮助识记的作用。

比如：“城门失火，殃及池鱼”就可以和辩证唯物主义的观点联系在一起；“刻舟求剑”又能表示事物是处于不停的运动和发展中的，运动是绝对的，静止是相对的，即唯物辩证法发展的观点；“一叶障目”又可以和形而上学、片面看问题联系在一起；“提纲挈领”又可以和抓主要矛盾联系在一起；等等。

学生在学习政治知识的时候，还应该养成读报刊的习惯，这种习惯能培养、锻炼学生分析时事热点的能力。在阅读报刊的时候，学生应该着重关注时政新闻，在阅读的时候不仅要关注评论内容，还应该主动将其与自己所学的政治知识相联系，然后产生自己的看法和见解，最后再与时政分析上的内容进行比较。坚持看时政新闻、分析时政的做法，可以让学生的综合分析能力、判断能力获得极大提升。

在学习政治知识的时候，还可以使用对比法来帮助记忆，不过在使用这种方法的时候，一定要注意相对比的事物之间要有可比性，而且对比必须是在同一类型的事物之间进行。做到这两点之后，学生就可以借用对比法将政治知识整理归纳成上下有序的知识网络，并且进行对比时，整理归纳的过程也能加深学生对知识的理解，对记忆的帮助更大。